地方志災異資料叢刊

第二編

3

于春媚　賈貴榮　編

國家圖書館出版社

第三册目録

【民國】齊河縣志

楊豫修等修　郝金章、孫秀堃纂

民國二十二年（1933）鉛印本

齊河縣志

大事記

舊志名爲災祥其弁言云昔洪範以五事修否以徵休咎凡以天人感應捷如影響後世班固因之作五行志而祥異遂以彙紀夫慈祥素著虎不渡河德化流行蝗飛越境政治得失默契於天有不期然而然者不有襟祇懲何以示不有瑞應勸何以施故一邑之紀聞即以驗一時之臧否也司土者其尙取鑒於斯而時凜其敬天勤民之戒歟作災祥志茲易名曰大事記

宋熙寧十年七月河決澶州曹林由濟河故道經長清齊河入海

金皇統二年秋山東大熟

正隆二年秋山東蝗

大定十年山東旱蝗

明昌二年秋山東旱飢

濟南中西英華印刷館承印

明昌四年山東大稔

大安二年四月山東大旱至六月雨復不止民間斗米千錢

大安三年二月山東大旱

崇慶元年山東旱

元中統三年閏九月濟南郡飢

至元元年濟南郡大水

元貞二年六月蝗

大德五年十月有流星入於危

大德八年四月蝗

至大元年山東大飢

至大三年四月蝗

至大四年德州霖雨害稼

延祐七年六月德州大雨水壞田

至正二年臥龍山水通流入大清河漂沒上下居民千餘家

至正二十二年二月彗出於危　四月長星見在虛危之間四十日乃隱

至正二十六年八月大清河溢居民漂溺殆盡

明洪武五年夏山東旱　六月濟南屬縣蝗大飢草實樹皮食爲之盡

洪武六年七月山東蝗　八月河水暴漲自齊河潰商河武定

濟南中興奕畊印刷社承印

境南巨浪七十餘里

洪武七年六月山東蝗

洪武八年七月山東大水

洪武九年七月山東大水

洪武二十三年正月山東地震　夏山東旱

洪武二十四年山東飢

洪武二十五年山東洊飢

建文二年十一月濟南地震

永樂元年夏山東蝗飢

永樂三年五月濟南

永樂十年山東飢

永樂十三年六月山東水溢壞廬舍田禾

永樂十四年七月山東蝗

永樂二十二年山東州縣霪雨傷麥禾

宣德二年山東旱

宣德八年山東自春徂夏不雨

宣德九年濟南旱　七月山東蝗蝻覆地尺許傷稼

宣德十年四月山東蝗蝻傷稼

正統元年閏六月濟南大水　七月山東霪雨傷稼

正統二年四月山東蝗

濟南中西英華印刷社承印

正統六年秋濟南蝗

正統七年濟南五月至六月霪雨傷稼

正統九年閏七月濟南大水

正統十二年夏濟南蝗

正統十三年河决沙灣由大淸河入海

正統四年夏濟南蝗

景泰元年山東旱

景泰三年八月山東大水

景泰四年山東飢　冬十一月至明年孟春山東大雪數尺

景泰五年山東旱

景泰六年春山東飢

景泰七年山東水飢

天順元年濟南大雨閼兵禾盡沒　七月濟南蝗民大飢發塋墓斫道樹殆盡父子或相食是年山東無雪

天順二年四月濟南蝗

天順四年濟南夏旱

天順六年冬山東無雪

天順七年濟南自正月不雨至於四月

成化四年山東無麥

成化七年大稔斗米錢七文

濟南中同美術印刷社承印

成化八年山東飢

成化九年三月四日山東黑暗如夜　八月山東旱蝗繼水民大飢骼無餘胔

成化十年二月山東奏冬春恒燠無冰雪

成化十三年山東飢

成化十四年山東水飢

成化十五年濟南旱　冬山東無雪

成化十六年山東飢

成化二十年山東旱

成化二十一年山東飢

成化二十三年山東飢

宏治二年河決金龍口衝張秋由大清河入海

宏治三年山東旱

宏治五年秋水復決由大清河入海

宏治六年山東旱飢

宏治十二年山東旱

宏治十五年九月濟南地震壞城垣民舍

正德五年山東飢

正德六年流寇劉六劉七等攻掠山東郡縣都督劉暉等捕斬

之

濟南中西英華印刷社承印

正德七年飛蝗蔽天

正德八年蝗秋蝻生

正德十二年九月濟南地震

正德十五年八月濟南地震

正德十六年山東自正月不雨至於六月

嘉靖二年正月山東地震旱夏秋復水殍殣載道

嘉靖三年正月山東地震旱

嘉靖四年山東疫

嘉靖五年鴉巢白雛邑人朱鋭有詩

嘉靖七年山東大旱

嘉靖八年山東飢

嘉靖九年山東大飢

嘉靖十一年山東飢

嘉靖十六年秋山東被火災

嘉靖十七年夏山東大旱

嘉靖二十四年山東旱

嘉靖三十二年山東飢

嘉靖三十五年夏山東旱

嘉靖四十二年大雨水渰沒禾稼

嘉靖四十三年山東大飢

濟南中興美術印刷社承印

隆慶三年閏六月山東旱蝗繼又濟南大水

隆慶五年山東大水

萬曆六年自五月不雨至於秋七

萬曆八年三月甘露零於學宮

萬曆九年三月甘露零於學宮秋大稔

萬曆十六年五月山東大旱疫

萬曆二十一年冬有星晝現

萬曆二十八年山東飢　六月大風雹擊死人畜傷禾苗

萬曆二十九年山東旱

萬曆三十七年山東旱　九月蝗

萬曆三十八年濟南大旱
萬曆四十一年山東大水
萬曆四十三年山東春夏大旱千里如焚　七月復蝗飢人相
食遣御史過庭訓賑之
萬曆四十四年四月復蝗山東飢甚人相食
萬曆四十六年大稔斗麥三十文
萬曆四十七年八月濟南蝗
天啓二年二月濟南地震
天啓五年六月濟南飛蝗蔽天田禾俱盡
天啓六年六月濟南地震

崇禎三年山東大水

崇禎四年六月又大水

崇禎十年山東雨黑水　六月蝗

崇禎十一年山東大旱蝗

崇禎十二年蝗旱瘟疫大作人死無算

崇禎十三年五月蝗旱蝻蟲大飢人相食地土荒蕪村落邱墟

斗米銀一兩餘

崇禎十七年春山東疫

清順治三年五月初一日雷火焚先師殿

順治四年濟南青州二郡水

順治六年雨不破塊風不鳴條夏秋大稔

順治七年金龍口黃河決大清河水溢自西南長清境一帶東北流平地汪洋一望無際由禹城臨邑商河等縣東北入海一時廬舍田禾漂沒殆盡且運河船隻多至灤口載鹽由齊河城北關經八里莊劉洪等鋪西去晝夜揚帆而行遇風則洪波巨浪無異江湖如是凡五年

康熙三年四月二十三日隕霜殺麥時麥將成霜初過猶芃芃然及穫有芒無粒間有早穫者苗重生再秀猶稍有所穫又一老人於降霜日早用繩於麥上拂過使霜勿留於穗後竟無患

濟南中西美術印刷社承印

康熙四年旱飢

康熙七年六月十七日地震房屋傾毀

康熙九年旱飢

康熙十年旱飢

康熙二十九年正月初一日雨雹

康熙四十二年濟南府屬大水

康熙四十六年邑民車有明妻范氏一產三男奉旨賞白布十

疋米五石折給銀五兩

康熙五十五年五月五日白鵲見於西郊

康熙六年十旱

康熙六十一年十月河決金龍口水由大清河入海

雍正元年八月十五日飛蝗入境不爲害

雍正三年水　邑民甄譽武妻陳氏一產三男奉旨賞白布十疋米五石折給銀五兩

雍正四年水

雍正五年春蝗蝻生發二麥秋禾十傷八九

雍正八年六月二十三四五六等日風雨連綿秋禾被傷

雍正九年郝從誨之母高氏壽臻百齡奉旨給銀建坊勅賜貞壽之門制憲匾其門曰壽愷令德

雍正十年秋大稔

濟南中西美術印刷社承印

雍正十一年旱

雍正十二年邑民劉鉛妻官氏一産三男奉旨賞白布十疋米十五石折給銀五兩

雍正十三年白鳥生飛鳴署內三月後乃去

乾隆二年陳可望妻楊氏壽臻百齡奉旨賜緞一疋給建坊銀三十兩額曰貞壽之門

乾隆六年旱

乾隆十二年水

乾隆十三年水

乾隆二十六年水

乾隆二十七年水

乾隆三十年水

乾隆三十一年水

以上自順治元年至乾隆三十三年偶報偏災俱邀恩賑䘏

見䘏政志

乾隆三十六年大清河決口全境大水

乾隆三十九年大旱蝗

乾隆四十一年歲事順成二麥秋禾並慶豐稔

乾隆四十四年大雨水秋禾未穫

乾隆四十六年黃河決口全境被水

濟南中西英華印刷社承印

乾隆四十八年夏大旱

乾隆四十九年濟南府屬大旱繼以蝗歲大歉

乾隆五十年大旱饑人相食

乾隆五十一年春歲凶餓殍踵接夏疫秋大熟

乾隆五十五年春三月隕霜殺麥後得雨復大熟

乾隆五十六年正月地震夏秋霪潦田禾被淹致成偏災

乾隆五十七年旱大饑

乾隆五十八年蝗不爲災秋大熟

乾隆五十九年水災

乾隆六十年秋有蝻害稼歲大饑

嘉慶四年夏四月朔日月合璧五星聯珠

嘉慶六年夏五月雨雹

嘉慶八年河決東阿衡家樓入大清河水溢平地深數尺見新通志

嘉慶十年秋九月大雨血

嘉慶十二年七月雨雹傷禾

嘉慶十五年正月大風霾八月雨雹大風拔木

嘉慶十六年春夏旱六月大清河溢秋菽生蟲

嘉慶十七年春雨澤愆期民食維艱

嘉慶十八年春彗星見光數丈蟲旱爲災

嘉慶十九年疫

濟南[illegible]印刷社承印

嘉慶二十二年五月雨雹傷禾

嘉慶二十四年河决馬營壩入大清河水溢平地深數尺

嘉慶二十五年春正月大清河冰驟解壞船無數七月十八天雨蝦

道光元年夏大疫秋霪雨成災

道光三年大有年

道光五年大旱饑

道光六年春二月大風霾晝晦三日乃止

道光八年雹災

道光九年秋螣害稼饑

十月二十三日夜地震

道光十年夏四月地震水旱風蟲災

道光十一年冬大雪平地三尺

道光十二年二月天鼓鳴夏大旱秋霪雨傷稼大饑

道光十三年夏四月風雷雨雹大者重數斤

道光十四年四月大風折木

創立督揚書院

道光十五年春旱無麥

道光十七年水旱雹蟲災

道光二十年水旱災

道光二十三年夏四月彗星見

是歲創設督揚錢局照物質價仿當店規則取息藉裕書

院用款

道光二十五年教匪盜匪捻匪聚衆滋事

道光二十八年清查濟南府屬倉庫

道光三十年正月朔日食

咸豐二年夏旱七月大雨害稼十一月地震

咸豐三年臨清失守禮科給事中毛鴻賓奉旨回籍督辦團練

禦賊於齊河並督各邑練鄉團

咸豐四年髮逆踞臨清邑城戒嚴

咸豐五年河決河南銅瓦廂分流至張秋鎮穿運歸大清河入海

咸豐六年秋蝗

咸豐八年秋八月彗星出西北方久而南移光漸滅

是歲邑人郭少棠倡率民衆力爭丁漕浮收之數積弊乃除

咸豐九年水災

咸豐十年童科考試廣學額水旱蟲雹均成災

咸豐十一年春三月捻匪犯境五月彗星見西北方秋八月捻匪復犯境

同治元年夏疫金星晝見秋七月彗星見西北方長竟天

同治三年民團團總郭少棠被殺

同治四年正月太白星晝見

同治五年水旱風雹均成災捻匪猖獗邑民震駭

同治六年夏五月捻匪犯境其首長任柱賴文洸等率大股匪衆自藏家廟渡河圖撲省城由千佛山下東竄

是歲童子科試廣學額 前已設縣學三名今又添廣學一名共十七名

同治七年捻匪蕩平

同治八年春旱

同治十三年五月彗星見

光緒元年舉行恩科鄉會試

濬徒駭河

春夏旱無麥秋歉收冬無雪

光緒二年春大饑草根樹葉食爲之盡自正月旱至閏五念七

日始雨秋歉收大疫死亡甚衆

光緒七年夏五月甲子彗星見東北方

光緒八年秋七月彗星見東南方八月河決桃園十一月合龍

光緒九年河決顧家溝城西各村房舍倒盡地被沙壓

起民夫築遥堤上接長清下至桃園舖底十二丈棚頂六

丈

光緒十年遥堤竣工河决李家岸自黑家洼以下綿亙數十里
大溜經城溢被沙壓房舍冲倒無算谷陵變遷此爲最甚
光緒十一年李家岸合龍復决六月河决官莊上自長清下至
濟陽齊東盡被水淹
光緒十二年油房趙莊决口合龍後奉令將河堤增高加厚寬
一丈
光緒十三年正月長清大譙莊冰開水溢淹没境内村莊甚多
六月朱河圈决口七月河决河南鄭州山東河道斷流濟
水澄清
光緒十四年二月鄭州合龍黄水復入東境仍由大清河入海

夏五月地震秋大疫

光緒十五年秋七月長清縣境楊道口紙營前後邑決口溢堤內水深丈餘田廬牲畜盡被淹沒老幼相携流徙死尸横野未幾十里堡馬坊屯小八里莊三處踵堤均決水驟落川魚極多頗資救濟

光緒十六年三月高套漫口堵合五月張村曹營同決口經流之域盡被沙壓深淺有差

光緒十七年二月二十八日大風霾咫尺莫辨秋澇禾歉收是年東撫張曜在邑東北油坊趙莊河岸督修石閘并挖減南北河一道下連徒駭

濟南中西英華印刷社承印

光緒十八年秋霪雨大歉

光緒十九年秋禾傷澇歲歉

光緒二十年秋霪雨歲饑

光緒二十一年秋澇成災歲歉

邑令王敬勳疏決蹚堤內溝渠以洩積水由縣城至小八里莊

光緒二十三年秋霪雨歲歉

光緒二十四年正月朔日食

科歲考試廢八股詩賦改試策論經義

秋八月皇太后訓政復八股

光緒二十五年秋霪雨繼以蟲旱

光緒二十六年夏五月拳匪肇亂聯軍犯京津

夏疫

秋七月上奉皇太后西幸山東戒嚴

秋大雨雹歲歉

光緒二十七年秋七月拳匪肅清

大霪雨歲饑

九月上奉皇太后啓蹕回京

停武科考試

光緒二十八年復廢八股詩賦補行庚子辛丑鄉試

濟南中西美術印刷社承印

假督揚書院舊址設高等小學堂

秋潦成災歲歉

光緒二十九年夏霪雨黃河盛漲

秋八月舉行正科鄉試

光緒三十年奉令裁綠營改練巡警

邑令鄧際昌修城垣疏濬趙牛河

改組高等小學堂附設師範傳習所

邑令鄧際昌因遥堤內溝渠壅塞派夫疏決上自小八里

莊下至柳屯

光緒三十一年冬奉令停科舉及生童科歲考試

裁教諭缺

秋霪雨歲歉

始開城南門 自捻匪後閉門四十餘年至此始開

光緒三十二年始設勸學員分路勸導改良教法授科學

秋澇歲歉

光緒三十三年裁訓導缺邑令繆潤紱修城東南文昌閣

改舊里爲五鄉七十六區

設警察教練所畢業後委充各區巡長調查廟地肥瘠悉令納租用作巡警經費

創設農會假房家花園故址作農事試驗場

津南中西美術印刷社承印

大雨雹歲歉

邑令繆潤紱編輯鄉土志

光緒三十四年元旦大霧

夏五月大雨雹大風拔木　六月旱

裁撤德州督粮道衙門

宣統元年三月隕霜殺麥

舉行拔貢優貢攷試

秋霪雨繼以蟲災歲歉

宣統二年霪潦歲歉

邑令繆潤紱劃五鄉爲十鄉定名爲仁智信勇嚴和良恭

儉讓

宣統三年元旦大雪深數尺秋霪雨歲歉

奉令成立縣議參兩會

十二月奉詔改建共和

中華民國元年秋大旱

廢除夏曆

下剪髮令

移勸學所於舊儒學署取締全境私塾籌定校址

疏濬護城河上游溝渠

城汛典史缺均裁

[illegible]中西美術印刷社承印

是年十月奉令驛站馬匹夫役一律裁撤公文案件統交郵局遞送

民國二年旱

始發生搶架案

創設初等學堂一百五十餘處

縣議參兩會奉令取消

民國三年秋旱黃河縣落大清橋石見移築東門護城河石橋

民國四年秋澇

劃全境遙堤爲邑有試辦森林並將原有樹株變價充公

縣政府辦公人員一律改領公費

是歲縣知事趙洪年用擺渡生息修理署內花廳辦公室

民國五年秋旱

全境初等學校學生在城考試畢業優者給奬品並發給證書以示鼓勵

民國六年置十鄉正副鄉長統轄各區

秋霪雨趙牛徒駭兩河漫溢歲歉收

是歲縣知事繼揚烈用堤柳變價及河干經紀捐款修理行政公署

民國七年飛蝗入境歲大歉

大股土匪佔據晏城桑梓店兩車站邑民大恐旋第五師炮

濟南中西英華印刷社承印

兵團督同縣警備隊剿除之

民國八年清理督揚錢局追逋欠

夏旱秋澇歲饑

民國九年失文廟六耳銅釜緝捕無蹤

秋大旱

民國十年霪雨連綿黄河盛漲河頭王莊出險工幸未潰决

是歲縣知事閻廷獻補修縣署大堂

民國十一年疏濬溫聰趙牛兩河並邑西担杖河

民國十三年縣知事陳訓經捐俸及商民捐大修公署大門大堂

民國十五年風折秋禾繼霪澇

民國十六年奉軍過境强據民宅沿村大擾

秋大旱飛蝗遍境食苗盡

始修汽車路攤派民夫

縣長高若亮自行籌款大修學宮並公署前迎路

民國十七年奉軍退却所過村莊搶掠一空縣長宮邦彥攜欵潛逃

革命軍北伐成功

廢除祀孔典禮

大霪雨秋禾歉收

民國十八年土匪陷城放囚獄捕各機關要人監視縣政府城
內搶掠一空越旬日大兵至盡殲之
督揚錢局廢
縣長迎春榮提倡重修縣志設志局於城內
民國十九年大雹雨秋禾不登
大軍過境扼守黃河相持六閱月徵兵索牲芻派粮秣及
抓車攤夫等費全境擔負約數十萬元晉軍敗退縣長楊
立榮携印與款潛逃
建設局派鑿井專員擇地鑿井以灌田
民國二十年實行區村制廢除舊鄉區及鄉區長劃全境為八

區每區設區公所置區長一名助理員二名辦理地方自治及聯莊保衛事宜

建設局創設縣有長途電話並修齊禹齊聊齊唐三縣道路及各區鎮道

疏濬徒駭趙牛漯聰牛角四河

民夫看護河堤舊道九十堡經政會議減爲四十五堡

是歲秋雨成災大歉

縣長趙文豪籌修縣府內各辦公室

民國二十一年縣長楊豫修大修城垣

是歲建設局疏濬担杖河及趙牛河下游並開挖倪辛莊

與石門高莊兩滯渠

民國二十二年奉令取消縣法院改院長爲承審員併入縣政府

奉令將財政局建設局教育局各局長爲縣政府科長

【民國】濟陽縣志

盧永祥等修　王嗣鋆纂

民國二十三年(1934)鉛印本

祥異

人爲變於下斯天災應於上蓋天人一氣災變百出互相感召而毫釐不爽者也側身修省克挽造物之心捍患恤災自彌生民之憾爲民上者果能以一身周旋乎天人之間庶災不爲害而變復其常矣

周

定王五年秋齊魯大旱

顯王六年雨黍於齊

漢

文帝元年四月齊國地震

桓帝永壽元年白烏見齊國

晉

惠帝永康二年四月彗星見齊分

南北朝 宋

順帝昇明元年四月青龍見齊郡

南北朝 梁

武帝天監十一年二月齊郡野蠶成繭

南北朝 唐

高宗永隆元年濟南瑯琊二郡大水

宋

太宗建隆元年五月濟南府大旱

乾德元年濟南府饑

開寶二年濟南府及淄川皆大水

開寶七年濟南府野蠶成繭

淳化二年十一月壬辰填星與熒惑合於危

仁宗慶歷五年五月己亥流星入虛危

金

章宗明昌二年秋山東東路旱大饑

衛紹王大安二年四月山東東路大旱六月霪雨大饑斗米至千餘錢

元

世祖至元二年濟南府大水

二十二年大水

二十九年濟南般陽二路蝗

三十七年五月大風雨雹害稼

成宗大德五年十月有流星入於危

十年山東諸路饑

仁宗延佑六年山東諸路大水

泰定三年濟南路大饑

順帝至正二年臥龍山水通流入大清河漂沒上下民居千餘家

六年二月山東地震七日乃止

七年濟南路天雨白毛　二月山東諸路地震有聲如雷

十六年山東大水據通志增

十七年山東大饑人將相食據通志增

二十年山東地震雨白毛據通志增

二十二年二月彗出於危　四月丙子長星見在虛危之間

四十日乃隱

二十三年濟南東昌二路大旱赤地千里

二十六年八月大清河溢

二十七年五月地震據通志增

明

太祖洪武元年免山東夏秋稅糧據通志增

二年旱免山東租據通志增

三年旱免山東租據通志增

五年山東饑詔發粟賑之據通志增

十年山東大稔據通志增

十五年免山東租據通志增

十八年七月旱詔免山東秋糧據通志增

二十八年免山東秋糧據通志增

成祖永樂元年山東饑發銀四萬兩賑饑民據通志增

憲宗成化六年隕石據通志增

十年大稔斗米七錢

十七年七月霪雨害稼據通志增

二十年山東大旱遣官賑濟據通志增

孝宗弘治五年大饑據通志增

七年大稔

十七年旱自正月至九月不雨據通志增

武宗正德六年流賊劉六等攻掠山東郡縣都督劉暉等捕斬之

世宗嘉靖三年三月大風揚沙害麥據通志增

八年蝗蝻生

十年復生蝗

三十一年秋大水

三十二年大饑據通志增

三十四年大稔據通志增

三十五年有年據通志增

四十三年四月天鼓鳴據通志增

穆宗隆慶五年五月大風雨壞屋拔樹

神宗萬曆元年濟南府大旱

十六年秋大雨兩月禾田生魚

十七年有年

十八年夏民間訛言選刷繡女一時嫁娶殆盡

二十一年冬有星晝見

二十三年二月初五日赤風自西北來壞屋拔木

二十五年濟南河井之水無風而沸諸邑皆然五月大雨麥禾盡湮大饑據通志增

二十八年大疫民死十之三

三十二年大雨害稼據通志增

三十五年六月雨歷七月方止大水淹禾幾盡清河氾漲浸至城隍

三十七年春夏秋大旱蝗飛蔽日大無麥禾

四十三年濟南青州二府大饑

熹宗天啓元年二月三日日有兩珥七月蝗據通志增

二年日有三珥二月地震三月地震五月太白經天十月天鼓鳴有聲如雷據通志增

五年四月太白晝見據通志增

六年六月地震有聲如風據通志增

七年七月大清河溢

毅宗崇禎九年天鼓鳴二次據通志增

十年夏旱無麥據通志增

十一年夏五月飛蝗蔽野禾苗立盡十二月初十日日生三

暈如連環（據通志增）

十三年閏正月元日雷電大作雨雪盈尺春夏大旱野無青草斗粟萬錢無糴處道殣相望發帑金六千兩賑山東饑民

十四年春夏大旱斗粟二金人相食瘟疫大作死者枕藉十村九墟人煙幾絶

十五年三月雨雹二十三日地震發帑金二萬賑山東饑民免三年稅糧從前逋賦盡爲蠲除（據通志增）

十六年正月初二日日赤無光又有兩日相盪十一月太白晝見除夕雷雨大作（據通志增）

十七年民間訛言元旦不出門不禮神不拜節夏四月逆闖

僞令搜羅邑紳子弟捐資助餉各三五百金勒限嚴比五月

初一日大清定鼎據通志增

清

世祖順治元年七月霪兩害稼蠲除明季新增銀兩夏稅秋糧免

一徵二據通志增

三年春旱據通志增

四年濟南青州二府大水邑城屋盡塌麥俱湮是年邑人獲

文豹獻之

五年夏大兩阡陌生魚往來筏楫禾麥俱湮

六年兩不破塊風不鳴條夏秋大稔

聖祖康熙三年夏四月二十三日隕霜殺麥秋旱無禾大饑冬無雪蠲夏稅五分抵六年夏稅順治十五年以前民欠盡行豁免據通志增

四年三月二日地震春夏大旱風霾蔽日民饑發德州倉一千石遣官賑濟夏稅秋糧盡行豁免已完者抵五年正項幷免順治十六七八年各項民欠至秋乃熟據通志增

六年春旱夏蝗害稼據通志增

七年六月十七日地震有聲據通志增

九年夏旱無麥秋蝗害稼免夏秋五分據通志增

十年濟南府屬旱蝗免康熙四五六年民欠

十三年濟南府屬大旱四月十三日晝晦訛言采女一時嫁娶幾盡

十七年二月初九日天鼓鳴據通志增

十八年七月二十八日午時地震八月屢震據通志增

十九年旱十一月彗星見白氣通天兩日始滅據通志增

二十五年秋大水山東本年地丁錢糧盡行豁免據通志增

二十八年正月聖駕南巡免明年山東全租據通志增

三十六年輪蠲山東地丁錢糧一次據通志增

四十二年五月橫水深二三尺許平地舟行歲大饑詔蠲明年山東全租各奉旨賑濟

四十三年春大饑途多餓莩山東地丁糧米通行豁免據通志增

四十四年五月十八日大風霾拔樹掀瓦白晝如晦六月初一日民訛作新年秋蝦蚄生免山東全省錢糧據通志增

四十八年正月元旦日有雙珥據通志增

五十二年始發帑銀買米貯倉免山東全省錢糧據通志增

五十五年濟南府屬大水

五十八年正月井水凍據通志增

五十九年六月初八日地震據通志增

六十一年正月朔日食據通志增

世祖雍正元年四月初七日午黑風自西北來始黃繼紅終黑白

晝如夜至酉時止山東省自康熙五十八年至六十一年分帶徵未完錢糧緩徵一年據通志增

三年七月濟陽齊河等縣大水

八年水

高宗乾隆元年山東省從前積欠錢糧盡行豁免冬十二月二十四日酉時天鼓鳴據通志增

二年水

五年聖駕北巡邑民趙國璵年一百一十歲稽首道旁能言國初事恩賜緞匹及盛世人瑞四字匾額

六年旱盛暑無蠅據通志增

七年十二月彗星出奎宿光踰尺至明年正月乃滅據通志增

十二年大水奉旨賑濟

十三年水

十八年三月太白經天據通志增

十九年邑民賈含福妻谷氏一産三男奉旨恩給米銀

二十一年二月二十二日辰時地震如雷據通志增

二十六年水

二十七年水　以上自順治至乾隆二十七年偶報偏災俱邀恩賑卹見蠲賑

三十五年皇太后八旬萬壽通行蠲免錢糧十分之四

三十九年兗州王倫反蹂躪山東屬

四十二年正月皇太后崩大旱自二月至八月無雨一粒不收人將相食普蠲天下錢糧仍分三年輪免

四十三年十月皇上南巡普免天下漕粮

五十六年三月十二日隕霜殺麥復萌不減收

仁宗嘉慶十年秋九月天雨血見府志

十七年三月二十一日黑風自西北來日曀無光

十八年春彗星見於西北光芒數丈至秋始沒

宣宗道光二年徒駭河水溢

五年夏彗星見

六年秋大雨

十年十月十六日子時地震一時餘方定申時又震二十四日又震

十一年五月初八日酉時地震

十五年蝗蝻遍野不第害稼草根樹葉均被食盡

十六年麥秀雙岐穀秀雙穗大有年野中桑樹上均有繭

十九年正月杏樹開花

二十年正月二十一日雷電大作霹靂交加

二十一年三月北風大作屋頂多被揭去河內北岸船隻吹落南岸真狂飈也

三十年三月十二日隕霜麥禾盡槁越數日麥苞復萌尚稱有年

文宗咸豐四年髮逆陷臨清省城戒嚴

五年正月十九日雷震夏蝗大雨秋黄河决入大清河漫溢秋禾盡湮房屋倒塌無數

七年徒駭河水溢

十一年正月朔日赤如火六月彗貫紫微垣七月秋始滅人染瘟病面黄食減無力嘔吐比戶皆然

穆宗同治元年二月二十六日申時黑風自西北來晝晦如墨飛沙揚塵拔樹掀屋烏鵲鷄犬觸木墜井死者無數兩時許變

黑綫赤六月瘟疫大作人死幾半民間訛以七月初一日作新年七月十四日夕流星南渡相連一夜不止彗星長丈餘直冲紫微垣八月始沒

四年正月太白晝見

六年夏五月捻酋任柱賴汶光等率大股匪衆自戴家廟渡河圖撲省城由千佛山下東竄

七年三月下旬捻匪由平原禹城臨邑商河等縣入濟南濟陽全境兵燹彌漫人煙滅絶凡月餘凡未及逃避者被害甚多六月十一日始東去至齊東之榆林村陳國瑞率師追擊之賊始蕩平秋七月熱痢流行傷人滋多老羸尤甚至冬乃

已八年冬十月内監安得海潛行出京至德州巡撫丁寶楨以聞得旨拏獲正法

九年元旦日食初三夜遍地火光二十五日風霾日曀

十年正月二十八日太白晝見

十二年正月有星下隕其聲如雷九月桃李華

十三年正月午時月晝見四月二十日地震有麥夏旱五月彗星見於内階

德宗光緒元年正月太白晝見有年

二年春旱無麥至閏五月十八日大雨始種五穀歲歉民餓有死者

三年旱民饑死者甚多

四年四月初六日夜雨雹數寸一時之久方止大如鷄卵禽獸死者無算麥雖被害復萌不歉收

六年四月日旁有兩珥如日形鬥數刻始滅有年

八年正月初三日夜雷大震四月彗星見於西北六月河决桃園西南兩鄉被水淹沒廬舍爲墟

十年六月太白經天河决豆腐窩西南兩鄉大水八月日赤無光朝夕天色皆赤

十一年五月河决李家岸全縣被水漕糧悉免

十三年河决桑家渡東北兩鄉被水八月黃河南决鄭州山

東河道斷流

十四年二月鄭工合龍河入東境仍由大清河入海五月初四日未申之際地大震有聲自西北來人自傾倒房屋搖動犬吠鵲噪炊許始定聞是日近海諸縣震動尤甚海豐陽信等處平地有陷如井者有拆裂數尺自縫中噴出黑泥中有蝦蟹魚蛤之類

十九年正月二十六日下午黑風自西北突起始黑如墨繼紅如火白晝如夜夏六月河決河套崔莊冬霧翳數十日

二十年五月初七日烈風疾雨帶雹

二十三年六月初九日疾風暴雨

二十六年六月旱日赤如血七月彗星見於西方八年太白經天是年也拳民起衅八國聯軍內犯北京失守兩宮西狩

縣之仁風鄉一帶有拳民數百嘯集玉皇廟誤斃游擊查某巡撫袁世凱命管帶倪嗣冲幫帶雷震春率兵來討擒斬張兆端等數十人無知健兒株連甚夥（詳拳匪紀略）

二十八年六月瘟疫大作人死無算民間不通慶弔

三十三年夏六月十九日（仲伏第三日）始雨穀豆等類並種至秋大熟霜降節後十日始穫紅糧乃熟

三十四年春旱無麥三月十二日巳時日套三環五月下旬雨始得播種後復大旱禾稼俱槁立冬後始得種麥十月慈

禧皇太后暨皇帝相繼晏駕聞是年濟南花園竹開白花亦異事也

宣統帝宣統元年春大旱三月初八日昏月套三環

二年二月微雪初晴日現三環三月十九日寒風終日夜隕霜殺麥越數日麥苗復從根生至日至之時皆熟但稍減分數四月彗星見西方數日漸沒七月粗風暴雨拔樹甚多及秋種麥有言經霜麥種不能萌生者後亦無異十二月歲除日自卯時風雪至夜風雪帶雨培門塞戶冰水盈庭直至三年元旦巳時方止俗名天哭

三年元旦大雨雪深尺餘親族不能交拜二月初四日戌時

有火光自東北向西南行火滅無雲而雷四月太白晝見六月彗星直冲紫微垣至八月始歿八月十九日武昌革命軍起義全國十五省相繼獨立十一月清廷遜位明年中華民國成立

中華民國

中華民國元年各屬盜匪擾亂民不聊生

三年六月西鄉一帶雹深尺許田禾盡沒厥後根部萌生秋又成熟

六年五月桿首顧得林率大股匪徒由商邑入濟經過垜石橋廟廊廡等處幸官兵跟踪追擊未敢肆意搶擄比追至艾

家欄迎頭痛擊匪衆據莊抵抗計傷亡軍官及兵士十餘人是役也雖未能聚而殲旃而匪亦自是遠颺矣是年宣統復辟未幾失敗

七年秋瘟疫流行傷人甚多

八年夏大旱蝗蝻遍野穀禾不收秋後復將麥苗食盡明年無麥

九年春無雨禾苗未種麥不歸家伏日始雨穀豆並種秋歉收糧價甚貴

十年春又未雨大饑歐洲各慈善家來濟施賑以救貧民

十二年春多雨冬無雪天氣甚暖

十三年元月初二日大雨溝澮皆盈

十四年五月土匪猖獗搶架勒贖之案日常數起殷實之家被害甚苦

十五年大旱五穀歉收匪氛益熾冬淮里窪淮里莊暨諸家圩子先後被大股土匪挨戶搶掠肆意殺戮並擄去男女多人慘不可言詳票匪紀略

十六年兵災匪患交集閭閻一空

十七年北伐成功華北統一

十九年南北軍憑河作戰自夏徂秋兵連禍結土匪遍地民不聊生

二十年四月濬徒駭河全縣按畝出夫耗費無算

按祥異之說固近代儒家所弗尚然疇曩故事每樂聞之嘗見鄉村父老與作餘暇就豆棚瓜架抵掌縱談謂某年水火某年荒旱某年兵災與夭札雖事過境遷言之猶有餘痛諸少年環拱靜聽亦如臨師保而對神明葢事雖涉於荒唐未始非維繫人心之一助也比而誌之意在斯乎

【嘉慶】禹城縣志

（清）董鵬翱修　（清）牟應震纂

清嘉慶十三年（1808）刻本

災祥志

敘曰禨祥天道也亦人道也洪範以五事徵休咎信哉班固因之作五行志其立說乃多附會而虎或渡河蝗或不入境抑又何也一郡之中豐歉迥異數十里之地雨露頓殊勿曰蓋司民者責也險詐邪慝暴殄狠戾皆足召氣積而乖天和可不戒哉可不懼哉

漢建元二年河水溢平原郡　建始四年河決館陶潰金堤

宋大明五年河水清

隋大業十年盧明月起兵聚衆至四十萬自稱無上王王世充破之

唐上元二年大水 開成二年彗出於危指南斗

宋建隆元年大旱 乾德元年大饑 至和二年河决大名濬縣境

金皇統二年大有年 定興五年慶雲見 大安二年四月旱六月淫雨大饑斗米千錢三年旱

元至元元年大水 大德三年嘉禾生一莖九穗表進於朝 至正四年蝗 六年地震七日乃止 七年雨白毛 十二年長星見危虛間四十日乃沒

明洪武五年蝗大饑食草實木皮皆盡六年大清河暴漲溢
縣境建文二年十一月地震永樂三年蝗
宣德九年旱七月蝻生覆地尺許十年蝻復生正統
元年閏六月大水景泰四年大雪經冬不停平地深數尺七年大
天順元年大雨閏月禾盡傷大饑父子或相食
稔斗米錢七文九年三月風霾晝晦如夜八月旱蝗繼
水大饑人相食宏治二年河決金龍口正德五年
流寇劉六劉七犯縣境六年復犯來往殺掠民死無算嘉靖
二年夏水大饑四年大疫四十二年大雨水害稼
萬曆十年大疫十死八九四十三年大旱赤地千里人相食四

十六年大稔斗麥三十文　天啟五年六月飛蝗蔽天
崇禎十年雨黑水　十一年北兵陷城　十二年大疫死十八九　十三年大旱饑斗米銀一兩餘　十四年土寇陷城　十七年疫　六月二十六日土寇掠邑境民逃散四方屋廬絕炊烟
國朝順治三年土寇攻城不克嘯聚數千人盤距城南殺掠居人大兵討平之　五年楊樹結花在城南三十里　七年河決金龍口溢縣境廬舍深沒漂溺死者亡算　康熙三年四月二十三日隕霜殺麥蔥重生　七年地震　十一年鳳來巢城北十五里有樹枝葉盤結如巢百鳥環繞霜後葉脫形始解占者以爲鳳巢　四十一年大雨水大饑　六十年旱　六十一年大旱　雍正元年四月晝晦

四年大水十二月黃河清十年大稔　乾隆二年水十年大水十三年大饑二十四年五月日食既晝晦三十一年水大饑（饑民搶掠至齊河境幾至大變）三十三年妖言興（傳有妖人割人髮害人數省皆然）三十六年八月九日夜天赤如血（横亘北方）五十五年運河决大饑（平地水深數尺）五十七年旱大饑（兒女鬻賣殆盡）五十九年麥秀雙岐　嘉慶六年運河决（水至城下）七年蝗八年黃河决衡家樓口流縣境九年有秋

論曰好大之主喜言禎祥偷勤之君惡聞災異而其究也寶鷄甘露神語天書與不畏天變者

同議爲我

皇上謹凛天威祇承不懈不以五星聯珠爲瑞而以

流星如雨爲憂憂哉莫之尚已然爲月爲星分

感殊應上天垂象豈獨爲一人警乎

（清）陳起鳳修　（清）邢琮纂

【順治】臨邑縣志

清順治九年（1652）刻本

事記

記曰古者君舉必書大有無年必書征伐朝
會必書雲物雨雪之異必書蝄蜽木腫必書
邑在濟北非一日矣考之載籍傳之古老寧
無千百什一之可述乎胱或好奇信耳妄徇
五行動必曰狗冠方山鼉食牛角蛇鬬鄭門
鼠舞祠廟雄斷尾牡生駒吾懼其傅會厚誣
矣寧略焉

帝辛四年大蒐于黎

四十四年西伯發伐黎

穆天子東遊讀書于藜丘

魯隱公三年冬十有二月鄭伯齊侯盟于石門

哀公十年晉趙鞅伐齊取犂及轅杜預云犂一名隰

二十三年荀瑶伐齊壬辰戰于犂丘齊師敗績

知伯親禽顔庚陳成子召顔庚之子曰隰之役而

父死焉

漢建武二年臨邑侯劉讓謀反遣前將軍耿純

誅之

三十年封北海王興子復為臨邑侯

永平中臨邑侯劉復著漢德頌又與班固賈逵

共述漢史

神雀集宮殿帝問臨邑侯復

魏太和五年追封武帝殤子子上臨邑公

元魏時邑人張軌流寓洛陽

唐開元二十七年七月邑大水

是年杜甫暫如臨邑題詩

元和十三年析德州之安德置歸化縣隸德州
太和四年省歸化仍臨邑改屬濟南
宋建隆元年河決城壞三年移治孫耿鎮
政和元年陞臨邑為望
金天會間析東西圖置濟陽縣
元太宗七年割臨邑屬河間路
至元二年析縣南新市鎮入濟陽縣
十三年邑人立田公德政碑
洪武三十四年高巍遇鐵鉉于臨邑與協謀守

濟南

是年邑秀才紀綱叩馬見 燕王語合

燕王南征演馬于城東隙地令呼演馬莊

末年黑青見

永樂間 詔徙他處民占籍我邑

成化九年三月四日臨邑等縣晝晦

末年 詔置喬復新廣糧門

正德六年流賊入轔城中最慘

是年生員李堅罵賊死

是年楊宣妻田氏仗節死賊

七年六月黑眚見

嘉靖元年撫中丞陳公建里社壇場有檄文

五年城壮邢氏莊廢井三足蟾見

二十年知縣張淮開文廟雲路街

三十年僉事趙公時春募義勇備邊邑多應之

四十二年撫按張公鑑等下記監邢如愚等兄

弟叔姪尚義門坊

四十五年督學朱公天球行鄉射禮邑士與

是年邢公書屋翡翠見

是年知縣朱翼開學宮鯤化池樹馳道周垣槐
揚

末年儒生王夏都家牝牛一産三犢

隆慶元年督學鄒公善倡明正學邑士多從之

是年邑南門泰山行宮創起醮會貿易盈萬人

二年二月邑地震

是年飛蝗蔽天

五年六月戒珠寺灣神龜出

萬曆三年轉運使王憑隱于中宮山

是年戒珠寺僧置藏經

六年夏雨魚

是年舉人李汝相讀書千佛山

七年撫中丞趙公賢下記修城堡盡易磚

是年瘟疫作民死十三

八年縣公王執中樹城濠四周柳

九年蝗少入境

[illegible]月甘露降淒鳳原王氏塋柏

是年知縣劉承憲復㨿善申明亭舉行鄉約及課民樹桑

是年城南呂中家禾牛見椿樹古根掘土宛然頭目角吻無不宛肖

是年邑地震

十四十五年邑大侵　詔免站銀一千五百兩

十五年　詔發臨德二倉粟三百石煑糜賑饑

是年邑奏記得請改起運銀俱隔歲派徵

十六年三月甘露復降沙河村

六月邑地震

是年分守參政呂公坤刻布齊鄉約聘吉三老孝弟覲力行鄉約彌年有成

十七年六月十日晴雷震死城南民趙豹

是年九月雨雪

是年十一月邑耆民立呂公坤德政碑

十八年六月撫中丞宋公應昌用春秋繁露下記擧雩廿六日夕壇場亦蛇見鱗甲爛然長三尺有咫遲明大澍

是年七月直指鍾公化民刻布私淑編訂正先

聖賢儒位號重置木主各有讚言

是年八月廿二日晡青蜓蔽空勢如飈輪東西亘數里彌望無際飛疾如矢許時與霢霂俱盡

是年十月通判劉承忠置史漢文苑英華諸書二十四部貯學宮

三十一年西街王氏宅生芝二本

萬歷年間北郭外三官廟產芝相傳李焞妻以翁疾思味割股效餐翁纔入口知有異令埋三官廟樟楔下產芝數莖

天啓四年二月三十日邑地震

天啓年間祀先師用太牢設孔儀主訓導孔公聞謹先師裔孫而孔儀其分派祖也故用太牢設主者示敬有加也然先師祀以少牢豈牲不備哉非聖賢不得入廟文武不能私不啻雖孝思存焉然非禮也

崇禎四年冬兵變陷城臨邑縣知縣歸德府同知黄三辰及典史李春坐失城律黄公遷而不去遇變李春良尉犂人詣都門爲之訟法司嘆悼而已

崇禎五年置城守兵四門義勇承平弛備登兵蹋至黄公三辰無以應卒至于失守後懲此始設備焉

崇禎八年邑人爲知縣郭公天德立去思碑

崇禎九年侍御劉公遠園產芝名其亭曰三秀

崇禎十年知縣宋公希堯作鄉約訓　教諭王

公南璧致仕

崇禎十一年十二月二十五日兵變城陷臨邑

縣知縣宋希堯死之是日大方伯李公伯建卒

生員任兆林妻李氏仗節死典史何其暢亡歸

吏執之於其家逮至京師

崇禎十二年畿直指使者郭公景昌行視粥場

公单騎按行使人莫可物色突至以杓漉之驗
稀厚吏不敢欺
訓導陳夢瑝署縣事獲盜鍾三名
崇禎十三年大饑至父子相食
設練總官
崇禎十四年盜踰城刼鞘臨邑縣知縣張公元
品遇賊趙卓於清凉店南與之盟
是年祀先師用義牲以饑故議免牲屠戶劉志願助義牲其子成章贖贖耳忽心開補弟子員人以爲先師默相爲
十五年冬閏十一月二十八日兵變陷城是日

故臨邑縣令張公元品以夏懷忠妻王氏曹邦

州女仗節死

羅練總官中丞王公永吉移帖至曰若非衙蠹定是土豪其即羅之人稱快焉

十七年京師陷僞官楊澆入於我邑 知縣金

公璨退居於傅弼楊用中所 濟藩起義兵金

公璨執僞官楊澆歸於德州 以僞將軍郭陞

令来収公比至僞將軍壯而釋之并逮傅楊二子至僞將軍

笑謂之曰公等皆義士也無所問 招撫山東王公斬害公者四

人頭懸之四關 金公璨如淄川爲王公治其

金公来官勑復故處公再至小皃皆識公面

順治二年挈人爲金公藥立去碑公不受諛詞曰但書官而已

三年冬土賊陷城知縣索一書亾其印

四年防守兵来夜入人室焚屋材笞辱士流邑令趙公士弘拱手而已防守把總温起厲與賊戰於巒子營大敗之温矢中頬戰愈力賊遁自是不敢犯境

五年防守兵乞歸先是趙公與之抗禮高公萬仍至令跪拜如節約兵不得擾民遂求去高公萬仍增城守兵六鄉結寨練總劉恊同統縣兵鄉長馬成功統鄉兵賊三攻城

與尸道與賊八戰皆大破之戰太平寺戰水務東戰下口戰宿安戰盤河馬成功賊畏之甚呼為馬將爺吾邑兵有勁名傍縣多假之以恐喝賊高公坐碧霞宮受賊降

五年祭器出於廟高公以為食器挈竊之智不輕假人

八年河決趙遊河溢知縣陳公起鳳以計擒劇賊夏國棟賊殺張氏二孺子其母傷未殊曰殺吾子者某也公頷之未語言收之俟其有旌子之褒來會葬公遂發命閉重門氷弓壺矢逸馬而逐之賊奔命於西門於北門陷淖中出馬首啣其尾賊斷轍躓焉匿於家人稂秆之籬公徑入命吏人縛之百姓安堵皆上祝頌焉

是年十二月雷震

九年春隕霜殺麥　夏大風拔木　大水陳公請府爲民請命南門登舟直至新集六十餘里

黜左道一老女子指蛇爲龍言水將入城陳公懲之龍滅水消人以爲西門豹復出焉

立臥碑上屬學官下有司設臥碑陳公命山人石許慶士集顏魯公法帖山人善臨摹人人怪奇奇過黃金注

裁衙役先是胥隷多至數百邑令陳公至盡行裁革正數之外不留一人

申明鄉約

臨邑縣志卷之十四

【道光】臨邑縣志 【同治】臨邑縣志

(清)沈淮纂修
(清)陳鴻翿續修
(清)翟振慶續纂

清同治十三年(1874)續補刻本

臨邑縣志卷十六

雜事志

紀祥

周

定王五年秋齊魯大旱

顯王十六年雨黍于齊

赧王三十一年齊地雨水數百里

漢

高帝二年十一月癸卯晦日有食之在危二度

七年冬十一月戊戌土水二星合於危

建元三年河溢平原郡大饑

建武三年春河水溢平原郡大饑人相食是時漯陰尚隸平原未改隸濟南國

九年平原河水清

元初二年冬十一月甲午客星見西方己亥在虛危

延光三年二月戊子五色大鳥集於濟南臺縣

光和三年歲星熒惑太白三合於虛相去各五六寸如連珠

晉

永平元年四月彗星見齊分

永興元年七月歲星守危虛　十一月太白熒惑鬬於虛危

太興四年枉矢出虛危

泰元十二年十二月辰星入月在危

義熙二年月掩太白在危

五年太白犯虛危

南北朝

宋永初三年二月有星孛於虛危　十月有星孛於虛危向河津埽河鼓　十一月十五日太白鎮星合於危

順帝昇明三年四月歲星在虛危徘徊元枵之野

隋開皇十四年十一月有彗星孛於虛危齊魯之分

大業七年山東河決

八年山東旱疫人多死

唐

貞觀二年山東旱

七年山東四十餘州大水

八年七月山東大水　八月甲子有星孛於虛危歷

元枵

長壽二年五月河溢壞民居

景龍元年山東疫　十月丙寅太白熒惑合於虛危

開元十年河決

二十五年河溢

二十七年七月邑大水

天寶十五年五月熒惑鎮星同在虛危中天芒角

大歷八年閏月壬寅太白辰星合於危

貞元三年閏月戊寅枉矢墜於虛危

元和十一年十一月鎮星熒惑合於虛危　十二月

鎮星太白辰星聚於危

太和二年河水溢

開成二年八月彗星見於虛危

乾甯三年有客星三一大二小入於虛危

乾符四年七月流星如盂自虛危入天市至羽林而

滅

五代

梁乾化中河水溢

唐清泰二年九月己丑彗出虛危經天壘哭星

宋

建隆元年河決城壞三年移治孫耿鎮

端拱二年十一月壬辰歲星熒惑合於危

淳化二年十一月壬辰鎮星熒惑合於危

景德元年蟲害稼九月大蝗

慶歷元年八月黑氣起西南長七尺貫危

五年流星過虛危間有尾跡明燭地

淳熙三年大蝗

六年十一月熒惑歲星合於危

紹熙五年十一月塡星與熒惑合於危

紹定元年熒惑與塡星合於危

端平十年十二月塡星與歲星合於危

金

大定十六年山東旱蝗

明昌三年山東大饑

四年山東大稔

貞祐三年十二月太白晝見於危八十有五日乃伏

元

大德元年十月有流星入於危

二年二月歲星熒惑太白聚於危

致和元年六月河間路臨邑縣雨水

至正二十二年二月彗星見於危　四月朔長星見於虛危長十餘丈四十餘日乃滅　六月白氣起危掃太微垣

十九年河間路諸州邑蝗食禾稼草木俱盡所至蔽日饑民捕蝗爲食蝗盡則人相食

二十二年彗見於危光長丈餘色青白

明

洪武二年山東旱

五年山東饑

建文元年臨邑黑眚見

永樂元年七月山東郡縣野蠶成繭

成化八年大饑人相食

九年三月濟南臨邑等縣晝晦
十年濟南諸州邑大稔斗米七錢
宏治五年濟南郡縣大饑
七年濟南諸州邑大稔
正德七年六月黑眚見
嘉靖彗星見次於畢危經月而滅
五年三足蟾見城北邢氏莊廢井中
十年濟南諸州邑蝗
四十三年四月有星孛於西北其光燭地俄頃天鼓

鳴

四十五年有牝牛一産三犢儒林夏郗家

隆慶二年二月臨邑地震　是年飛蝗蔽天勢如飈

輪東西亘數里傷人幾盡

五年六月神龜見於戒珠寺灣

萬歷元年濟南郡邑大旱

六年夏雨魚

七年大疫民死十之三

九年蝗彗星見

十三年七月甘露降樓鳳原王氏塋柏　是年木牛見城南民呂中家

十四年大旱

十五年大饑民食樹皮殆盡

十六年二月甘露降於邑之沙河村　四月地震

十七年六月初十日無雲而雷震死城南民趙豹　九月雨雪

二十五年春河井溝瀆之水無故自沸

二十九年夏五月大旱赤地七百餘里

三十一年邑民王某宅生芝二本北郛外三官廟產
芝數莖

三十二年六月太白晝見

三十三年大雨雹成男女鳥獸形

三十四年八月彗星見

四十一年山東大水

四十三年正月有氣如暈貫天　五月山東大旱人
相食

四十四年有異火出如斗煙直上二三丈

四十六年四月東方白氣亘天日中有黑子　十月

彗星見　十二月白虹貫日

四十七年正月蚩尤旗見光長竟天

天啟二年正月朔日生三珥有白氣暈於元枵之次

四年二月地震　十月天鼓鳴

崇正四年正月朔黑霧蔽天

九年有芝生侍御劉宏光宅　十一月星隕如雨天

鼓鳴

十二年濟南郡縣旱蝗民饑

十三年大饑父子相食盜賊蜂起

十四年旱饑人相食

國朝

順治四年夏秋連雨四十餘日

七年河溢自長淸東北流平地汪洋由禹城臨邑等縣入海

八年河決趙游河溢　十二月雷震

九年春隕霜殺麥　夏大風拔木趙游河復溢

康熙三年四月二十四日隕霜殺麥

七年六月十七日地震

十年濟南府屬旱蝗

十三年四月十三日晝晦　是年濟南府屬大旱

二十九年五月蝗　六月大風是年饑

三十七年濟南府屬旱饑

四十二年河決海溢水没平地數尺壞廬舍無算木稼盡淤冬大饑

四十三年春大饑　夏麥大稔人食無節死者相望於道

五十五年濟南府屬大水

六十年山東通省大旱

六十一年山東通省大旱無麥

雍正元年春旱四月初十日有黑風自北而南

二年四月旱蝗

三年二月日月合璧五星連珠在危分　是年大稔

八年六月大水

乾隆六年旱

七年復旱

八年大旱人有暍死者　八月隕霜殺禾　冬大饑
十七年雨魚大水
二十六年六月大雨水
二十七年五月大雨麥盡渰　六月大水饑
二十八年夏旱蝗
三十年三月二十二日大風發屋拔木夜大雨雹鳥獸死樹下者相枕藉
三十一年七月初三日霪雨三晝夜不止平地水數尺壞廬舍無算

三十五年三月星隕如雨天鼓鳴

四十三年大旱無麥

四十六年夏霪雨連月　秋七月蟲食菽幾盡　九月桃李花

五十年夏大旱

五十一年春旱大疫

五十二年春旱　夏大雨水　秋復旱

五十五年正月初八日地震　三月十二日隕霜殺麥　七月大雨水平地數尺禾盡渰

五十六年正月初九日卯時地震日生三珥

五十七年自四月不雨至於六月　秋七月復旱蟲

騾生食苗盡　八月二十二日隕霜草木盡枯大

饑

五十八年秋蝗

五十九年三月初七日地震

嘉慶三年大疫

十二年二月大風

十五年正月十七日大風晝晦

十六年春旱

十七年春雨雹

二十四年秋大水　十二月二十九日大雪平地數尺

道光元年七月大疫

七年二月十七日大風

十年十月二十日地震

十一年四月地震

十二年旱自二月不雨至於七月　九月二十三日

地震

二十年春旱秋大水

二十七年秋旱蝗

咸豐二年秋不被水被風

五年秋黃水漫溢被水成災一百一十二莊

六年九月初一日日食一分三十四秒

七年八月初一日日食一分四十五秒

同治元年十一月初一日日食三分二十五秒

六年秋黃水漫溢東南村莊盡成澤國馮家井等十

莊被災尤甚

七年秋大水

八年夏旱蝗

十一年五月初一日日食八分五十五秒

十三年六月彗星見

崔公甫修　王樹枏、王孟戌纂

【民國】續修臨邑縣志

民國二十五年（1936）鉛印本

地慝篇一

天災

光緒二年歲大旱至閏五月十八日霈降甘霖始播種五穀歲歉民飢有死者

光緒三年大旱民飢者衆

光緒四年四月初六日夜雨雹大如胡桃禽獸死喪無算

光緒五年五月大雨諸水氾濫

光緒九年黃河决口溢浸本邑

光緒十年六月地震

光緒十一年五月黃水北浸過境

天成謙記南紙店代刊

光緒十二年黃河水决城西各莊羣力堵塞幸未成災

光緒十三年五月十三日未時水嘯

光緒十四年五月初四日未申之際地震有聲人自傾倒

光緒十五年七月黃水至邑氾濫

光緒十六年六月黃水漫溢較上年略小

光緒十八年黃河決口北溢

光緒十九年冬霧霾數十日

光緒二十年六月初七日未時大風雨雹

光緒二十一年秋潦成災歲歉

光緒二十二年五月初七日烈風疾雨及七月初五日大雨數

濟南城內芙蓉街路西

日民屋多傾圮

光緒二十三年六月初九日颶風暴雨

光緒二十四年秋雨連綿害禾稼

光緒二十五年二月二十六日申時黑風起自北方暗不辨人

居民晝燃燈火移時復明

光緒二十六年六月大旱

光緒二十七年六月大雨害禾稼

光緒二十八年六月瘟疫盛行人死無算

光緒二十九年旱窪田有收

光緒三十年十二月天溫凍解

天成號記南紙店代印

光緒三十一年二月十七日子時地震房屋多顛簸門窗什具皆有聲

光緒三十二年五月十二日大風拔樹十三日各灣水溢俗名水嘯

光緒三十三年七月初二日雨雹禾稼被擊減收一半霍亂盛行人死無算十月初一日雷電風大作

光緒三十四年旱五月下旬雨始播種

宣統元年春大旱三月二十日隕霜殺麥未耕者復萌半收

宣統二年三月十九日寒風竟日至夜霜隕殺麥麥苗旋從根後生至日至之時皆熟稍減收數五月初九日大風歲除日

卯刻風雪至夜雪擁封戶冰水盈庭翌年元旦辰刻方止俗

名天哭

宣統三年元旦大雪七月初六日夜大風

民國三年七月雨雹不爲災

民國四年六月中旬有飛蝗自北來遮蔽天日幸不爲災

民國五年四月初五日申刻黃風自西北起吹至晝暝

民國六年旱五穀減收

民國七年歲歉時疫流行

民國八年大旱六月初三日雨雹初八日飛蝗自東北來未幾

瘟疫劇烈

民國九年雨水稀春苗多枯槁秋收甚歉

民國八年自春至秋旱魃爲災赤地千里粒米不獲民皆菜色樹葉菜根採掘殆盡有美國教士戴銳者請由國際華洋義賑會發來銀洋二十八萬元散放急賑自八年十月至九年四月飢民八千餘戶計四萬餘人得免飢寒流離之厄者胥出戴教士奔走呼號之功鳳縣長文祺率同紳耆公送惠我災黎匾額以誌感謝而資紀念

民國十年雨水過多窪田五穀均遭淹沒高阜地秋收亦減色

民國十五年雨水成災與十年略同

民國十六年雨水愆期飛蝗過境禾苗枯槁全境收穫籽粒不

濟南城內芙蓉街路西

歸者居多

民國十八年飛蝗過境蛹復遺殖蝗蝻縣府及公安局飭民衆撲滅淨盡秋禾幸未大受損

民國二十年霪雨為災歲大歉

民國二十一年徒駭河一帶秋禾被霪雨成災禾稼收穫稍減

民國二十三年先旱後潦穀有蟲災秋收甚歉

民國二十四年雨水愆期

光緒十五年白露節前黃水肆虐平地水深盈尺沖倒房舍無數淹沒田禾什之八九國稅赦

光緒十六年立秋節前黃水成災田禾子粒不收國稅赦

天成義記南紙店代印

光緒二十四年時値處暑黃水三次爲殃平地深及二尺秋禾
子虛國稅赦

光緒三十四年清明後麥苗已高尺許天降霜災麥有枯槁閭
閻垂首嗟聲不斷五日後復生芽苗長二十日恢復原狀民
又喜生望外咸謂不幸中之幸

光緒元年正月甲辰太白晝見有年

光緒六年四月日旁有兩耳數刻始滅

光緒八年正月初三日夜雷四月彗星見於西北七月彗星出
東方

光緒十年六月太白經天八月日赤無光天色皆赤

光緒二十六年六月日赤如血八月太白經天

光緒二十八年訛言以七月初一日爲歲首

光緒三十一年六月初四日有白氣通天

光緒三十四年六月二十五日亥時有流星自西南來至東北

沒餘光射數十里

宣統元年三月初八日昏日套雙環

宣統二年四月彗星見西方數日始沒

宣統三年正月二十一日戌時北方星大似盆光芒如晝數刻

始滅二月初四日戌時有火光自東北向西南行火滅無雲

赤色瀰天閏六月太白經天彗星沖紫微垣三月初八日申

天成廠紀南紙店代印

時空中紅光自西南而東北約數十里始滅滅處無雲即有雷聲

民國二年九月日暈如城見西北方有年

民國四年十二月初二日夜有火如電火滅有聲如雷

民國六年十月初五日午時日有雙耳

民國七年五月初一日日蝕十六日月蝕

民國十七年十一月太白星晝見

民國十九年正月二十日晚有火球自西南向東北光明如電

（清）黄懷祖修　（清）黄兆熊纂

【乾隆】平原縣志

民國二十五年（1936）鉛印本

平原縣志卷之九

雜志

災祥

五行志始於漢書後皆因之蓋竊取洪範春秋徵休咎紀災祥之意也夫王省惟歲卿士月師尹日平原雖下邑亦古師尹之職可不省與舊志太略今考輯加詳歷代蠲賑有可稽者併志之以徵補救

國朝恩邺已詳具食貨志茲不複載

漢建元三年春河水溢於平原大饑人相食　元鼎二年平原被災民餓死於道路詔賑救之　建始四年秋河決館陶灌平原

等四郡三十二縣　河平三年復決平原入濟南千乘　永始
二年比傷水災人相食
東漢建武九年平原河水清　二十五年青州蝗入縣境輙死有
年　元和三年北廵經平原免田租之半　延熹九年四月平
原河水清
晉咸寧元年五月戊午甘露降於繹幕　三年八月霜害三荳四
年螟　五年二月甲午白麟見於平原　太康五年秋霖雨暴
水霜傷禾稼　建武元年七月大蝗　太興元年大蝗　太寧
三年大水民饑死無算
宋孝建三年閏二月乙丑白兎見平原獲以獻　大明五年九月

庚戌平原河水清太守申纂以聞
北魏太平眞君元年四月甘露降　太和六年八月大小蝗害稼
北齊武平四年饑　六年八月大水
隋大業七年四月河決大水漂沒平原等郡　八年大旱疫人多
死
唐武德四年秋七月詔給復一年　貞觀元年夏旱詔賑恤蠲免
租賦　七年秋大水遣使賑之　八年七月大水　永徽四年
蝗　顯慶五年春旱　總章元年大旱　永隆元年九月大水
二年八月大水壞民居　永淳元年秋大雨水民饑　神龍二
年旱饑　景龍元年疫　十四年秋大水川溢　至德元載十

一月戊子給復二載　興元元年秋蝗　貞元四年地生毛

元和十三年六月癸亥給復一年　太和二年夏大水　三年

五月給復一年　開成四年秋大雨水害稼及民廬舍平地水

深八尺　五年夏螟蝗害稼　大中四年八月大水　五年蝗

螟害稼

宋建隆元年十月河決棣州汎平原等縣　三年七月蝝生　乾

德二年夏蝗　淳化二年旱　景德三年八月蝝生　大中祥

符七年縣民田禾一本十二穗　九年六月蝗生彌野食民田

殆盡入公私廬舍及霜寒始斃　天禧元年二月蝗蝻復生多

去歲蟄者　天聖六年五月蝗　明道二年七月蝗　慶歷三

年十二月二十六日降紅雪雪霰雨血　皇祐元年二月黃御二河並決水溢民田　嘉祐元年六月河溢水漲尤甚民多漂亡　六年七月淫雨爲災　熙寧五年大蝗　六年復蝗　七年春夏久旱九月復旱　九年八月旱　元豐四年六月蝗七月河溢壞官私廬舍　元符元年大水　二年六月大水河溢流漂人民廬舍　崇寧元年夏蝗三年四年連歲蝗尤甚

金大定三年六年十二年俱免租　十六年旱蝗　十七年三月免去年租稅　十八年正月庚申免前年被災租稅　十九年以水旱蠲租　明昌三年旱大饑　四年大稔　大安二年六月淫雨大饑斗米至千餘錢　三年大旱　至寧元年大旱

元中統三年閏九月以遭李璮之亂軍民皆饑詔除差發仍撥粟
分賑　至元元年詔減明年包銀十分之三全無業者十之七
四月免逃戶復業者差稅　大水　三年蝗　五年大水十二
月詔免田租　六年六月蝗冬饑以米賑之　七年七月旱蝗
八年六月蝗　十三年水旱缺食以米粟及鈔賑軍民　十九
年免民戶明年包銀俸鈔及逃移戶差稅　二十年以去歲旱
詔停租稅　二十二年詔除包銀三年秋河溢壞田　二十八
年免包銀俸鈔　三十一年成宗即位免差稅　元貞二年秋
蝗大德二年夏蝗　三年免包銀俸鈔　六年五月大水　七
年五月水　八年四月蝗　十年七月蝗冬饑遣尚書武嵩

賑之免逃民復業者差稅　十一年十一月武宗即位詔免差稅三年　至大二年免舊欠差稅四月七月蝗以沒入贓鈔賑款　三年四月蝗　四年七月霪雨害稼免包銀　皇慶元年六月旱　延祐二年免差稅絲料　三年二月饑免流民復業者差稅三年　六年六月大雨水害稼發粟賑饑　七年六月大水雨免逋欠差稅又免地丁稅糧包銀絲料有差　泰定元年六月霪雨水深丈餘漂沒田廬　二年六月蝗十二月饑三年二月饑免田租之半　四年六月旱蝗免田租之半　致和元年四月饑發鈔賑之六月雨水害稼　天歷元年免差稅絲料有差　二年五月蝗十月免逋欠官錢　至順元年五月

蝗蠲稅有差 至元六年十一月饑糶免絲料 至正四年五月大霖雨河溢平地水二丈八月復霖雨民饑相食賑之 六年二月大饑地震七日乃止盜起 七年三月地震有聲如雷盜賊蔓延 十六年大水 十八年五月地震天雨白毛是冬至明春皆大饑人相食 二十二年三月戊申夜不見星惟有白氣凡三十四日始滅 二十三年旱無麥赤地千里 二十七年五月地震雨白氂九月以兵興供給繁重免今年田租之半

其餘雜泛一切住罷

明洪武元年四月免一年田租 二年以旱再免田租一年 五年饑詔發粟以賑 六年七月蝗 八年大水 十年大稔斗

米七錢 十八年旱蠲秋糧 二十四年二十五年洊饑 建文元年詔賜田租之半 永樂元年詔賜復三年免今年田租之半 二年十一月癸丑地震有聲 十三年四月大水 十四年七月蝗 二十二年霪雨傷麥禾 洪熙元年以民乏食免夏稅及秋糧之半 宣德三年免稅糧三之一 八年二月以久旱遣使賑卹其夏復賑饑民免稅糧 九年七月蝗 十年四月又蝗遣科道錦衣衛官督捕蠲秋糧 正統元年七月霪雨傷稼 二年四月蝗 六年秋蝗 九年閏七月大水 景泰元年旱 二年免田租十之三詔授民荒田貸牛種 三年以大水免稅糧有差賑流民復其賦役五年 四年十一月至明年正月大雪數尺

中原大同印刷局印

五年旱八月大水　六年春饑　七年五月運河水溢博平淤平原等縣田　天順元年蝗蝻饑發帑藏斫道樹殆盡或父食其子發太倉銀以賑冬恒燠無雪　三年四月連日烈風麥苗盡敗六年冬無雪　七年旱　成化元年免地租三之一　四年無麥六年旱　八年大饑疫　九年三月四日風霾晝晦燈燭無光大旱蝗蝻饑斃無餘齒　十年大稔冬恒燠無雪　十三年饑十四年七月大水蝻饑　二十年大旱饑七月遣大臣賑之　弘治三年旱蠲賑有差　五年大水歲饑　六年旱詔蠲田租發粟以賑　七年大稔　十五年九月丙戌地震壞城垣民舍　正德元年除弘治十六年以前逋賦　六年三月以被寇免稅糧十一

月遣戶部侍郎叢蘭往瑷散賑　七年六月黑眚見老幼皆驚
銅器以自衛通夕不寐至冬乃息　九年十二月以重建乾清
宮加賦　十年春黑風　十三年詔賑水災　十六年自正月
不雨至於六月　嘉靖元年免田租之半及正德十五年以前
逋賦　二年正月地震春夏大旱無麥秋大水免稅糧之半
三年正月丙寅朔地震三月大旱蝗蝻徧野　七年旱蝗　八
年蝗大饑　十年蝗　十三年夏雨雹大者如升斗小者亦過
雞卵壞民屋傷禾稼　十六年秋大水　十七年夏大旱蝗蝻
食禾殆盡　二十三年四月丙子夜半天裂大水傷禾　二十
八年春夏旱蝗　二十九年三月大水　三十年飛蝗入境

二十一年七月大水九月黑風　三十六年大旱　三十七年五月大旱地坼秋黑風凡三至晝晦　三十九年大旱麥穀俱盡　四十年復大旱民流移夏疫秋黑風凡三至晝暝　四十三年大饑　隆慶元年免田租之半及嘉靖四十三年以前逋賦詔撫被災流民復五年　二年元旦大風揚沙走石白晝晦冥　四年漕河溢隄決大水渰田　萬曆七年五月大旱大風拔樹飄屋壓死數人傷者甚衆毀禾稼東西數里南北十餘里俱盡秋大雨雹鳥雀遇之皆死　十年免積年逋賦　十四年旱發帑遣使賑濟　十五年秋饑食晚禾獨賑有差　十六年夏雨雹城南東西十里南北五里麥盡傷　十八年夏有謠言

採童男女者一時嫁娶殆盡　二十一年大旱饑四境盜起
二十五年春河井溝瀆之水無風而沸　二十七年旱蝗　二
十八年大饑　二十九年復大旱　三十六年蝗十二月留稅
銀三分之一賑饑民　三十九年大水　四十一年八月大水
四十三年春夏大旱蝗千里如焚民饑或父子相食盜賊四起
詔留稅銀發倉粟遣御史過庭訓賑之庭訓賑恤有方全活者
衆　四十四年旱蝗　四十六年九月以遼餉加賦四十七年
十二月再加四十八年三月復加　天啓四年大饑詔賑　五
年六月蝗六年六月丙子地震　崇禎三年大水十二月加賦
充餉　四年六月又大水　九年十二月蠲五年以前逋賦

十年旱蝗　十一年十二年俱大旱蝗穀苗盡槁　十三年閏正月賑饑夏復大旱蝗斗穀千錢無糴處人相食骸骨盡發十四年復旱蝗父子夫婦相食村落間杳無人烟有白稍手截路劓掠又有鬼魅謂之黃蒿女飛蓬因風吹聚高與樓齊白日迷人行旅斷絕十五年免十二年以前逋賦

國朝順治元年三月初七日午後忽風始黃漸紅晝晦於夜至暮乃復　四年大水　五年夏大水　八年河溢淹沒民田　十三年大有年　康熙三年四月二十四日隕霜殺麥　四年大旱饑　七年六月十七日戌時地震有聲如雷壞城樓民居人畜多壓死　九年夏旱　十年七月蝗蝻害稼　十三年四月

晦晝暝大旱　十七年旱　十八年七月二十八日午時地震
嗣是屢震大饑流移載道　二十三年旱　二十八年旱　三
十七年旱饑　四十一年冬燠　四十二年大水城垣官署廬
舍田禾漂敗者十六七　四十七年夏秋大旱　四十八年三
月大風傷麥　六十年旱　六十一年大旱　雍正元年四月
初七日黑風晝晦　三年春旱夏秋大水自五月初二至八月
十二凡百日霖雨不止　八年大水八月地震　十年春夏旱
十一年三月旱夏大水　乾隆元年七月十五夜地震　二年
春旱夏大水　四年六月大水　六年夏旱　七年三月旱
八年夏旱五月下旬熱甚有暍死者　九年三月旱　十二年

七月大水

【民國】續修平原縣志

曹夢九修　趙祥俊、張元鈞纂

民國二十五年（1936）鉛印本

災祥

水旱災祲最與民生痛苦攸關舊志所載自漢迄清乾隆初年編錄綦詳百餘年來縣卷散佚記憶難周茲據有可考見者著於此編

乾隆二十一年水饑

二十四年旱蝗

二十六年饑

三十一年水大饑發倉穀免田賦

四十年秋旱蝗

四十四年六月雨水害稼免漕糧

四十六年雨水害稼

四十七年旱蝗至明年六月始雨

四十九年濟南府屬旱蝗麥禾俱無大饑出貸倉穀

五十年春旱夏大熱秋禾不登緩徵

五十一年春饑五月大疫

五十五年正月初八地震三月十二隕霜殺麥七月大水運河水溢禹城平原平地深數尺免逋賦

五十六年正月初九地震

中原大國印刷所印

六十年春正月朔日食望月食虸蝗生免逋賦及本年漕糧

嘉慶四年四月朔日月合璧五星聯珠

十五年春正月風霾晝晦

十八年春彗星見長數丈

十九年七月有蝝

道光元年彗星出西方夏秋大水民大疫死無算

九年秋大旱

十二年旱二月不雨至於七月

十三年夏旱冬大雪

十八年旱

二十年水

二十二年旱

二十三年夏四月彗星見五月水

二十四年水

咸豐二年夏旱十一月地震

八年秋八月彗星見西北方久而南移光漸滅

十一年五月彗星見西北方

同治元年秋七月彗星見西北方長竟天

二年五月金星晝見

四年太白星晝見

平原大同印刷局印

八年旱

十三年五月彗星見

光緒二年大旱饑

四年閏五月旱大饑餓死多人

七年五月彗星見東北方

八年七月彗星見東南方

十四年夏五月地震

十六年六月大水馬頰河溢淹沒民田

二十一年五月淫雨數日麥熟生芽

二十四年夏大水

二十五年七月旱每夕日光赤如血

二十七年六月淫雨浹旬不止民房多半倒塌淹沒田禾四千餘頃蠲緩錢漕

二十八年大旱蠲緩錢漕

三十年五月太白晝見歷三日

三十四年夏五月大雨雹大風拔木六月旱

宣統二年三月暴風隕霜殺麥刈去重生麥亦有秋

民國元年夏旱秋大水

二年七月旱

三年邑人王吉盛得麥秀雙歧一莖獻之政府

平原大同印刷局印

五年七月旱蝗蝻爲災

六年秋大水淹沒二百數十村被災者免田租

八年六月大雨時行陸地生蟹大者如碗橫行田畝間

九年夏大旱免田租

十年秋大水

十二年五月大雨雹

十五年八月大雨高唐頰譚河泛濫縣境李家莊一帶水深三四尺

十六年旱蝗

十七年秋禾迭被蝗水蟲雹等災

十八年蝗蝻爲災

十九年水

二十年六月大雨

二十一年水

二十二年有年

二十三年夏南鄉旱秋禾減收半數

平原大興印刷局印

【乾隆】樂陵縣志

（清）王謙益修　（清）鄭成中纂

清乾隆二十七年（1762）刻本

祥異

漢

武帝建始三年春河溢平原郡大饑

宣帝地節中渤海盜起以龔遂爲太守治之

光武建武三年春河水溢平原大饑人相食　五年春大司馬吳漢率耿弇擊富平賊綠少獲索賊師古於平原大破之　九年平原河水

晉

安帝永初四年渤海平原劇賊劉淵周文光等

攻獻次殺縣令青州刺史法雄破之 元初

二年十一月甲午客星見西方巳亥在虛危

桓帝永興二年獻次河水清延熹八年渤海盜

蓋延作亂未幾伏誅 九年夏四月平原河

水清 永康元年渤海郡海水溢

獻帝初平二年冬黃巾賊張角寇渤海公孫瓚

追擊大破之

【晉】

武帝咸寧二年八月平原獻次隕霜害稼 太

康四年十一月白兎見富平

惠帝永康四年五月甘露降樂陵國 永興二年

年七月歲星守虛危十一月熒惑太白鬬於

虛危

懷帝永嘉元年五月馬牧帥汲桑聚衆反敗范

幽州刺史石尠於樂陵入掠平原冬十二月

并州人田蘭等殺桑於樂陵平之 九月有

大星如日自西南流至東北小者如斗相隨

天盡赤聲如雷

愍帝建興四年石勒襲邵續於樂陵續盡衆逆戰大敗勒兵 石勒遣石季龍擊段文鴦於樂陵敗之生擒文鴦段匹磾遂率其屬降於勒

元帝太興元年十一月乙卯日夜出高三丈中有赤青珥 四年枉矢出虛危

孝武帝泰元十二年十二月辰星入月在危

義熙二年十二月月掩太白在危 五年十二月太白犯虛危

南北朝

宋孝武帝永初三年二月有星孛於虛危十月有星孛於虛危向河津掃河鼓　六年樂陵太守劉道隆獻嘉禾　十一月十五日太白鎮星合於危

順帝昇明三年四月歲星在虛尾徘徊元枵之野

魏太武始光五年二月白鹿見於樂陵因改是年爲神麚元年　三年六月流星出危南入

羽林

隋

文帝開皇十四年十一月有彗星孛於虛危齊魯之分 十九年星隕於渤海 二十年十一月地震

煬帝九年冬十月 渤海賊格謙自號燕王孫宣雅自號齊王擁衆十餘萬山東苦之格謙賊次人十年爲王世充所滅 十三年竇建德據渤海之地自稱長樂王國號夏

唐

太宗貞觀元年夏山東旱詔賑郵蠲免租賦

七年山東四十餘州大水遣使賑之 八年

八月甲子有星孛於虛危歷元枵

中宗景龍元年十月丙寅太白熒惑合於虛危

元宗天寶十五年五月熒惑鎮星同在虛危中

天菑角

代宗大歷八年閏十一月壬寅太白辰星合於

危

德宗興元三年閏五月戊寅枉矢墜於虛危

憲宗元和八年六月富平大風拔木　十一年

十一月戊子鎮星熒惑合於虛危　十二月

鎮星太白辰星聚於危

文宗太和九年六月庚寅月掩歲星在危而暈

十月庚辰月復掩歲星在危　開成二年

二月彗出於危指南斗　八月彗星見於虛

危

僖宗乾符四年七月流星如盃自虛危入天市

至羽林而滅

昭宗乾寧三年十月有客星三一大二小在虛危間乍合乍離相隨東行狀如門三日二小者先滅其大者後滅

（五代）

後唐清泰二年九月己丑彗出虛危經天壘哭星

（宋）

太宗端拱二年十一月壬辰歲星熒惑合於危

淳化二年十一月壬辰鎮星熒惑合於危

至道元年七月癸丑有星出危大如杯入羽林没

真宗咸平三年秋七月嘉禾合穗　乾興元年五月壬辰星出危大如杯赤黃色有尾速行而東延如逆火隨至羽林軍南没

仁宗明道元年八月星出營室西南速行至危没　景祐元年九月星出天津如太白青色有尾没於危　慶曆元年八月黑氣起西南

長七尺貫危宿羽林入濁至天津良久散

五年流星過虛危間有尾跡明燭地

神宗熙寧二年七月星出危南西南急流至壘壁陣沒

高宗紹興十六年十二月彗出西南危宿

孝宗隆興元年十二月壬午夜白氣見西南方出危入昴　淳熙六年十一月熒惑與歲星合於危

光宗紹熙五年十一月填星與熒惑合於危

理宗紹定元年熒惑與鎮星合於危 端平十
年十二月鎮星與歲星合於危

（金）

章宗明昌三年山東大饑十一月金木二星見
於日前十三日方伏而順行危宿在羽林軍
上壘壁陣下光芒燭天

宣宗貞祐三年十二月太白晝見於危八十有
五日乃沒

元

成宗大德二年二月歲星熒惑太白聚於危
五年十月辛卯夜有星大如杯光燭地自北
起近東分爲二星沒於危宿
順帝至正十二年二月彗星見於危宿 四月
朔長星見於虛危間其形如練長十餘丈 四
十餘日乃滅 六月白氣起危宿掃太微垣
二十二年夜有白氣如孛起危宿長數百丈
掃太微 二月彗星見於危宿光芒長丈餘
色青白 四月長星見虛危四十日乃滅

明

太祖洪武元年蠲免山東新附州縣夏秋糧税

二年山東旱詔蠲免税糧　三年再免山東租　五年山東饑詔發粟賑之　十年大稔十米七錢　十三年紅軍爲祟　十五年二月詔免山東税糧　二十八年蠲免秋糧

成祖永樂元年命寳源庫鑄農器給山東被兵之民

仁宗洪熙元年免山東固租之半

武宗正德六年六月寧津賊王佑盧秀掠樂陵縣知縣許逵擊之王家莊兩戰殺賊殆盡八月戊子賊劉六劉七楊内官等薄城知縣許逵帥張逵破之斬首五百餘級楊内官伏誅 七年春賊復至城下許逵帥張逵連敗之 十四年冬民間訛言禁畜豬一時屠宰種類幾絕

世宗嘉靖三年樂陵蝗蝻遍野 九年彗星見次於危經月而滅 二十九年樂陵大旱

神宗萬曆十四年商河樂陵旱　十五年樂陵地震起西北至東南聲如雷　十六年秋樂陵大水　四十三年七月雨八月霜晚禾盡傷諸州邑大饑發帑金十六萬兩倉粟十六萬石遣御史過庭訓賑之

熹宗天啓二年正月初一日日生三珥旁有白氣一道日暈於元枵之次

莊烈帝崇禎三年三月大雨雹　十年夏陽信海豐樂陵霑化旱無麥　十三年閏正月元

日雷電大作雨雪盈尺　二月大風霾至丈
月不雨　十四年武定陽信海豐樂陵霑化
旱饑人相食　十五年九頭鳥鳴十二月亂
兵掠樂陵外濠陷殺傷千餘人城未破而去
十六年三月樂陵大雪　冬十二月除夕雷
雨大作
國朝順治四年正月元日雷震　七月武定樂陵
諸州邑霪雨四十餘日害稼傾廬舍　五年
夏樂陵海豐霪雨為害　九年武定商河樂

陵等縣大雨村落多淹沒　十一年春樂陵
地震八月復震
康熙四年武定諸州邑旱麥盡枯奉
詔蠲本年租稅發帑金賑之　九年樂陵海豐大
旱
詔蠲田租十之二　十年樂陵饑
詔發粟賑之　十三年四月三十日武定諸州邑
雹　秋樂陵旱饑
詔蠲田租十之三　十九年旱　二十九年奉

詔免山東全省田租　四十一年彗星見室危
十二年山東諸州邑積水氾濫舟行平地歲
大饑
詔發粟賑之　六十年春大風晝晦
雍正二年二月日月合璧五星聯珠於娵訾歲
大熟　四年三月望日雨雪堅冰　八年夏
大水秋樂陵地震　十一年大水　十二年
正月初三日地有聲如雷自東北至西南移
時乃止

乾隆元年十二月二十四日酉時天鼓鳴有星

自東南隕於西北　八年武定諸州邑大旱

行人多熱死奉

旨截漕發帑溥賑饑民拔免本年田租　九年夏

武定諸州邑旱

詔免田租十之六　十三年

恩旨蠲免山東全省正租　十四年冬樂陵大雪

積數尺　十八年惠民樂陵商河等縣蝗蝻

生旋即撲滅　二十四年夏海豐利津霑化

三邑海鹽漂没田禾盧舍樂陵甯津海豐
劉二莊均被災奉
旨賑恤蠲免本年田租豁除被淹地畝　六月樂
陵蝻生夾堤圍中羣鳥食之皆盡　二十六
年元旦日月合璧五星聯珠於危　秋七月
大水奉
旨賑恤給借耔種麥本蠲免緩徵本年田租
按堯舜警予春秋紀異兢謹天戒消咎徵而
協休徵王省惟歲巳然卿士不惟月師尹不

惟曰乎寰宇州縣之積也守疆土者助成
主德於民獨覩古之蝗不入境虎皆渡河豈有異
術亦惟省身克已斯響應焉疇謂一官一職
微也而可忽諸

樂陵縣志卷之三終

【民國】商河縣志

石毓嵩修　馬忠藩、路程誨纂

民國二十五年（1936）鉛印本

重修商河縣志卷之首

大事記

祥異　蠲緩　水旱　兵事　匪患

大事有表昉於史記舉凡事之有關重要者列諸表中易於檢查是紀錄大事亦地志之通例也商河舊志原分恩䘏祥異兩門推其意蓋以爲考租稅之蠲緩即可見年歲之豐歉覘氣候之災祥亦可驗政治之得失使官斯土者時懍其敬天勤民之戒但未曾分年彙集繙閱尚感困難況民國以來黨政大事次第興革水旱偏災以及兵事匪患均關重要理宜登載爰易其名曰大事記以年爲經以事爲緯舉要刪繁列諸卷首既足補舊志之遺尤易豁閱者之目云爾作大事記

周

定王五年秋齊魯大旱

顯王五年雨黍於齊

赧王三十一年丁丑齊地雨血數百里　燕上將軍樂毅將秦魏韓趙之兵以伐齊齊師大敗遂長驅深入六月之閒下齊七十餘城皆爲郡縣

赧王三十五年辛巳趙與魏伯陽趙奢將兵攻齊麥邱邑取之

赧王三十六年壬午齊田單襲破燕軍盡復齊地

漢

文帝元年夏四月齊國地震

文帝七年冬十一月戊戌土水二星合於危

景帝三年丁亥春正月吳楚反濟南王辟光（舊封為扐侯）通謀太尉周

亞夫將將軍欒布擊之辟光伏誅

建元三年春河水溢平原郡大饑

本始元年鳳凰集於千乘

地節中渤海左右郡歲飢盜並起上以龔遂為渤海太守遂至界

移書敕屬縣悉罷逐捕盜賊吏單車至府盜賊解散

鴻嘉四年甲辰秋渤海清河信都河水湓溢灌縣邑三十一敗官

亭民舍四萬餘所河堤都尉許商鑿此河通海故以商為名

後人又加水旁為滴云隋文帝開皇十六年丙辰於枋（同扐）故

城置滴河縣宋弗忘許商之德也唐書地理志作滴五代史
職方考作商蓋商滴古字通至宋始專作商不復加水作滴
矣

建始四年河大決於館陶東金堤皆潰

河平二年甲午河決平原流入濟南千乘遣王延世塞之

建武三年春河水溢平原郡大饑人相食

建武九年平原河水清

永平十二年己巳議修汴渠遣王景與王吳修渠築隄自滎陽東
至千乘海口千里餘明年渠成

永初三年己酉海賊張伯路等寇濱海九郡渤海平原劇賊劉文

淵周文廣等攻厭次殺縣令

永初四年庚戌詔遣御史中丞王宗持節發幽冀諸郡兵合數萬人徵法雄爲青州刺史幷力討之明年辛亥賊盡伏誅

元初二年冬十一月甲午客星見西方已亥在虛危

永興二年甲午渤海盜蓋延作亂未幾伏誅

延熹九年夏四月平原河水清

光和三年歲星熒惑太白三合於虛相去各五六寸如連珠

建安九年七月袁譚略取渤海河間九月曹操進軍攻譚譚懼拔平原走保南皮十二月操入平原略定諸縣

建安十年春正月攻譚於南皮劉詢起兵漯陰諸城皆應

晉

咸寧二年秋八月平原隕霜害稼

永平元年四月彗星見齊分

永康四年五月甘露降樂陵國

永興元年七月歲星守危虛　十一月熒惑太白鬬於虛危

永嘉元年丁卯東萊人王彌寇青徐既而降漢

永嘉二年九月有大星如日自西南流至東北小者如斗相隨亘
天色赤有聲如雷

建興四年丙子石勒襲邵續於樂陵續盡衆逆戰大敗勒兵勒遣
石季龍擊文鴦於樂陵破之生擒文鴦段匹磾遂率其屬降

於勑

太興元年十一月乙卯夜日出高三丈中有赤青珥

太興四年枉矢出虛危

泰元十二年十二月辰星入月在危

義熙二年十二月月掩太白在危

義熙五年十二月太白犯虛危

宋

永初三年二月有星孛於虛危　十月有星孛於虛危向河津掃河鼓　十一月十五日太白鎮星合於危

昇明三年四月歲星在虛危徘徊玄枵之野

魏

始光五年二月白鹿見因改是年爲神䴥元年三年六月流星出危南入羽林

隋

開皇十四年十一月有彗星孛於虚危齊分之分

開皇十六年始置滴河縣

開皇十九年十二月星隕

大業六年庚午改棣州爲滄州尋復爲渤海郡縣屬如故

大業七年山東河決

大業八年山東旱疫人多死

大業九年癸酉渤海孫宣雅自號齊王厭次格謙自號燕王擁衆十餘萬山東苦之明年甲戌爲王世充所滅

大業十三年丁丑竇建德據渤海之地爲壇於樂壽（在今河間府獻縣）自稱長樂王國號夏

唐

武德二年己卯正月宋金剛陷滄州 六月竇建德陷滄州後俱爲太宗所敗（時縣屬滄州）

武德四年辛巳棣州民殺其刺史叛歸於劉黑闥

武德五年壬午十一月劉黑闥陷滄州黑闥竇建德部將建德滅歸隱漳南後復起兵半歲之間盡復建德舊境自稱漢東王

改元天造引突厥大寇山東後爲所置刺史諸葛德威執斬

於洺州

貞觀元年夏山東旱詔賑卹蠲免租賦

貞觀七年秋山東四十餘州大水遣使賑之

貞觀八年七月山東大水　八月甲子有星孛於虛危歷玄枵

長壽二年五月河決棣州溢壞民居

景龍元年山東疫十月丙寅太白熒惑合於虛危

開元十年河決

開元十五年河溢

天寶十四年乙未安祿山反至藁城今屬正定府十二月己亥恆山郡

太守顔杲卿擊賊將高邈何千年擒之命稾城尉崔安石等
狥河北諸郡凡十七處皆響應樂安與焉（時縣屬樂安郡）
天寶十五年五月熒惑鎭星同在虛危中天芒角
大歷中李正己據淄青齊海登萊沂密德棣十州李寶臣據恒易
趙宋深冀滄七州築壘繕兵無虛日邑境雖在中國而實如
蠻貊異域焉（時縣屬棣州）
大歷八年閏十一月壬寅太白辰星合於危
建中三年壬戌四月戊子淄青節度使李納（正己之子）將李士眞以德
棣二州降上以張孝忠爲易定滄州節度使以德棣隸幽州
河北路定令朱滔還鎭滔反陷德棣二州

興元三年閏五月戊寅枉矢墜於虛危

元和四年己丑三月成德節度使王士眞卒子承宗自爲留後既而以未得朝命頗懼累表自訴九月上遣京兆尹裴武宣慰承宗受詔甚恭請獻德棣二州武復命以承宗爲成德節度使德州刺史薛昌朝爲保信軍節度使領德棣二州田季安使謂承宗曰昌朝陰與朝廷通故受節鉞承宗襲執昌朝囚之帝怒遣兵討罪無功

元和十一年十一月鎮星熒惑合於虛危十二月鎮星太白辰星聚於危

元和十三年戊戌夏四月淮蔡既平王承宗懼納質請吏復獻二

州詔復其官爵裴度之在淮西也布衣柏耆以策干韓愈曰元濟就擒承宗破膽矣願得奉丞相書往說之可不煩兵而服愈白度爲書遣之既至以大義動承宗至泣下且懼求哀於田宏正請以二子爲質及獻德棣二州輸租稅請官吏宏正爲之請上許之乃選堪使者往尚書左丞崔從奉詔至鎮又陳順逆大節禍福之效宏正遣使送其二子知感知信及二州戶口圖印至京師六月給復德棣滄景四州一年承宗既獻二州朝以曹華爲棣州刺史李師道不平自鄆遣部將騷擾之兵及商河遂破縣城屠戮甚慘華帥師逐賊斬首二千級復縣治又募羣盜可用者貸死補屯卒使據孔道賊至

輒擊却之不敢北（事載唐書曹華傳）

太和二年戊申河水溢 十一月壬辰給復棣州一年廩戰士創廢者終身

太和九年六月庚寅月掩歲星在危而暈十月庚辰月復掩歲星在危

開成二年二月彗見於危指南斗八月彗星見於虛危

乾符四年七月流星如盂自虛危入天市至羽林而滅

廣明元年庚子棣州人洪霸作亂平盧軍節度使安師儒遣牙將王敬武討破之

龍紀元年己酉冬十月平盧軍節度使王敬武卒軍中推其子師

範爲留後棣州刺史張蟾不從起兵討之

大順二年辛亥師範遣其將盧宏擊棣州宏引兵還攻師範師範使人迎之仍請避位宏以師範年少信之不設備師範密謂小校劉鄩曰汝能殺宏吾以汝爲大將宏入城師範伏甲而饗之鄩殺宏於座師範慰諭士卒自將還攻棣州殺蟾以鄩爲馬步副都指揮使以師範爲節度使

景福二年癸丑河徙從渤海縣北至無棣入海

乾寧三年十月有客星三一大二小在虛危間乍合乍離相隨東行如門經三日二小星先滅大者後沒

天復元年鎭星守虛經年始去

天復三年癸亥朱全忠陷棣州刺史邵播死之

五代

梁

乾化中河水溢

後唐清泰二年九月己丑彗出虛危經天壘哭星

宋

建隆元年十月河決壞居民廬舍

乾德五年三月五星聚於奎

開寶六年癸酉春棣州兵馬殿直傅延翰謀反伏誅

端拱二年十一月壬辰歲星熒惑合於危

淳化二年十一月壬辰鎮星熒惑合於危

至道元年七月癸丑有星出危大如杯入羽林沒

景德元年蟲害稼九月大蝗

乾興元年無棣海潮溢害民田五月壬辰星出危大如杯赤黃色

有尾速行而東徙如迸火隨至羽林南沒

慶歷元年八月黑氣起西南長七尺貫危

慶歷五年流星過虛危間有尾跡明燭地

至和二年六塔河决溢民田多溺死

元豐元年八月棣州大水詔被水民以常豐糧貸之蠲其租賦

建炎二年戊申濱州賊蓋進陷棣州守臣姜剛之死之

淳熙三年大蝗

淳熙六年十一月熒惑歲星合於危

紹熙五年十一月鎭星與熒惑合於危

嘉定十一年秋棣州裨將張聚殺防禦使斜卯重興據棣州以叛

遂襲濱州轉運使田琢遣棣州提控紇石烈醜漢會兵討之

紹定元年熒惑與鎭星合於危

端平十年十二月鎭星與歲星合於危

金

大定十六年山東旱蝗

明昌三年山東大饑棣州尤甚詔德州防禦使王擴賑貸饑民

明昌四年山東大稔

貞祐三年十二月太白晝見於危八十有五日乃伏

定興三年秋元帥張林奉棣州諸郡版籍歸於宋未幾元將木華

黎攻下棣州諸郡縣復降於元

金末盜賊蠭起剽掠居民烽煙所過鷄犬皆空縣人張在勇

略過人長於騎射倡義誓衆所向無敵主帥嘗因兵之勝負

惟爾是任賊亦畏之爲戢其鋒民得稍安

元

中統元年大饑詔發常平倉賑之

中統三年壬戌夏五月大旱焦禾稼

中統三年即宋理宗景定三年蒙古時元號蒙古至至元八年辛未十一月始改國號曰元江淮大都督李璮自蒙古主即位便有南歸之志至是年正月召其子彥簡於開平修築濟南益都等城壁遂殲蒙古戍兵以漣海三城歸宋獻京東郡縣宋主詔授璮保信寧武軍節度使督視京東河北路軍馬封齊郡王　五月蒙古主命史天澤擊璮於濟南濱棣安撫使韓安世率兵共破之　八月殺璮解其體以狗以董文炳爲山東經略使棣州復歸蒙古

緒王也只里部忽刺帶率部於濟南商河等境侵擾居民蹂踐禾稼帝命詰之走歸其部帝曰彼宗戚也有是理耶其令也只里罪之

中統四年秋八月蝗

中統二十七年五月大風雨雹傷禾稼桑棗

至元元年大水

至元十五年四月獲白雉

至元二十年五月隕霜殺麥

至元二十六年六月霪雨害稼

至元二十九年五月桑蟲食葉蠶事不成

大德二年二月歲星熒惑太白聚於危　四月山東蝗

大德五年霪雨害稼　十月辛卯夜有星自北起近東分爲二星

沒於危

大德十年山東諸路饑

至大元年大饑詔有司贖饑民所鬻子女

至大三年七月蝗

延祐六年山東諸路大水

至治二年五月霪雨五旬害稼民饑

至治三年五月霪雨害稼詔賑糶蠲民半租

泰定三年正月大水詔賑貸死者給鈔以葬

至正六年春二月山東地震七日

至正七年三月山東地震有聲如雷天雨白毛

至正十二年二月彗星見於危四月朔長星見虛危形如練長十

餘丈四十餘日乃滅六月白氣起危掃太微垣

至正十六年山東大水

至正十七年丁酉山東大饑人相食三月韓林兒黨毛貴連陷膠州萊州益都般陽諸郡縣十二月詔天下團結義兵各路府州縣正官俱兼防禦使

至正十八年戊戌二月毛貴陷濟南路棣州義兵俞寶殺其知樞密事寶童降於毛貴

至正二十年山東地震雨白毛

至正二十一年辛丑八月察罕特穆爾率兵討棣州俞寶敗降

至正二十二年二月彗見於危光長丈餘色青白

至正二十三年山東無麥赤地千里

至正二十六年八月大清河决居民漂溺無算

至正二十七年五月山東地震

至正二十八年戊申（明太祖洪武元年）二月明大將軍徐達常遇春北定中原統兵至縣縣令梁濟民曰此王者之師也元政不綱天眷有歸何事螳臂當車以害此一方民因率衆歸附城得全仍令濟民爲縣令（濟民鄒平人祀名宦）

明

洪武元年蠲免山東新附州縣夏秋稅糧

洪武二年山東旱詔蠲免稅糧

洪武三年再免山東租

洪武五年山東饑詔發粟賑之

洪武六年八月河水暴漲自齊河潰至商河棣州境南洪波七十餘里

洪武十五年二月詔免山東稅糧

洪武十八年七月山東旱詔免秋糧

洪武二十八年蠲免秋糧

永樂元年命鑄農器給山東被兵之民七月山東郡縣野蠶成繭

癸未蒲台人林三妻唐賽兒以妖術煽亂自稱佛母知成敗

得石函中寶書神劍役鬼神剪紙作人馬相戰鬥

永樂十三年乙未嘯聚賊衆董彦杲等六千餘人據益都卸石棚
岳楊褒謀反攻陷莒州萊蕪等城邑境被其刼掠事聞勅安
遠侯柳升勦賊賊乘夜襲我軍營多被殺傷都指揮劉忠戰
死

永樂十八年庚子詔擢衛青都指揮使討之復擢刑部郎中段民
爲左參政時索賽兒急盡逮山東北京及天下尼媼先後幾
萬人民力爲矜宥人情始安

洪熙元年免山東田租之半

宣德元年丙午八月漢王高煦據樂安州謀反奪府州縣官民畜
馬立五軍邑境多被其害帝親討平之改樂安州爲武定州

成化八年大饑人相食

正德元年流賊劉六齊彥明等屠掠城邑陽信樂陵海豐商河俱被殘刼

正德六年辛未霸州盜趙燧邢老虎等分掠河南山西自西而東復往河間泊頭慶雲由山東陽信海豐至商河縣尹陳敀登埤守禦城賴以完又命勇士徐潤等攻賊潰其中堅追奔百餘里賊遂向西南上江而去敀以城隘不能庇衆倡築外城四旬而畢民恃爲保障焉敀山西潞州人祀名宦

正德七年壬申巡武定兵備道按察司僉事領之流賊犯境僉事許逵斬首數百級餘潛遁

正德十四年春大疫死者枕藉冬民間訛言禁畜猪一時屠宰種類幾絕

嘉靖九年彗星見次於娵危經月而滅

嘉靖十年濟南諸州邑蝗

嘉靖十二年十月星隕如雨

嘉靖十三年夏雨雹大者如升斗小者亦過鷄卵

嘉靖十四年夏五月烈風雨雹

嘉靖十五年大風拔木

嘉靖二十六年五月星隕天鼓鳴

嘉靖三十二年五月大清河溢壞田舍

嘉靖三十五年六月有星自南奔北光耀燭地

嘉靖三十九年大饑

嘉靖四十年有年

嘉靖四十三年四月有星孛於西北其光燭地俄天鼓鳴

隆慶二年三月二十八日商河蒲臺海豐同日地震

萬歷九年彗星見於西北

萬歷十四年大旱

萬歷十五年大饑民食樹皮殆盡

萬歷二十一年秋八月彗星見於紫微

萬歷二十五年春河井溝瀆之水無故而沸濟南州縣皆然

萬歷二十九年夏五月大旱赤地七百餘里

萬歷三十二年六月太白晝見

萬歷三十四年八月彗星見

萬歷四十一年山東大水

萬歷四十二年夏武定陽信商河大旱

萬歷四十三年正月有氣如暈貫天五月山東大旱人相食八月霜晚禾盡傷諸州邑大饑詔發帑金十六萬倉粟十六萬石遣御史過庭訓賑之

萬歷四十四年有年

萬歷四十六年四月東方白氣亘天日中有黑子十月彗星見三

月乃滅十二月白虹貫日

萬歷四十七年正月蚩尤旗見光長竟天

天啓元年二月數日並出四月朔日食

天啓二年正月朔日生三珥旁有白氣日景玄枵之次五月有星

隨日晝見

天啓三年三月太白晝見

天啓四年春正月朔日光赤旁有黑子秋熒惑入南斗四十餘日

十月天鼓鳴

天啓五年四月太白晝見

天啓六年六月地震閏月旱蝗

崇禎二年五月朔日食

崇禎四年二月白虹貫日閏十一月登萊巡撫孫元化遣登州遊

擊孔有德等領兵援大淩河抵吳橋天大雨雪衆無所得食

新城紳士王象春有莊在吳橋一卒攫鷄犬食之王氏子怒

訴於有德有德笞卒貫耳以徇衆大譁偏裨李九成先齎元

化銀市馬塞上蕩盡無以還適至吳橋聞衆怨遂與其子千

總應元刼有德以叛回戈東指沿途攻掠連陷臨邑商河等

六縣邑歲貢生王安國督衆禦敵被執不屈死城堡璨口傾

圮大半縣境多被其殘刼明年壬申巡撫朱大典討平之

崇禎九年十一月星隕如雨天鼓鳴

崇禎十年五月山東蝗秋蚜蝪害稼八月至十二月日出時周天血氣

崇禎十一年戊寅夏山東蝗冬日生白暈二如連環　邑內兵變知縣賈前席專守內城而棄外城外城陷塹板悉焚

崇禎十二年大旱民饑

崇禎十三年二月日出如血大風六月日入赤如血濟南州邑連歲饑饉盜賊蜂起人相食

崇禎十四年辛巳旱饑人相食北鄉土盜起土賊吳魁揚等擾濟武諸邑商河受害尤甚臨外城蹂躪三日外城失守賊鼓譟由缺口而進有馬雲車者單騎舞刀奮勇堵截兵衆亦冒刃

抵禦賊遂退去故外城雖廢而內城無恙

崇禎十五年壬午土寇焚燬縣治十二月初二日清兵既克薊州自河間分道南下臨縣城西北城陷知縣劉國會典史王傳芳死之前滄州知州馬泰仲與邑紳民分地據守亦徇於難其餘士民死節者甚衆

崇禎十六年正月日赤無光有時兩日相盪

清

順治四年夏秋連雨四十餘日

順治七年庚寅河決荆隆口潰張秋隄入大清河自長清東北流入齊河平地汪洋由禹城臨邑趨商河惠民霑化入海所經

州縣廬舍田禾漂沒無數運河舟楫直抵濼口五年水土始
平
順治八年夏大風秋河水溢奉上諭山東水災頻仍極需賑濟以
倉穀賑窮民以學租賑貧士
順治九年五月連雨四十餘日
順治十年河水至武定州城沒縣東北鄉田
順治十一年河水再至奉恩詔順治六七兩年直省地丁本折錢
糧拖欠在民者悉予豁免
順治十三年奉恩詔順治八九兩年直省地丁本折錢糧拖欠在
民者悉予豁免

康熙三年夏秋旱奉恩詔順治十五年以前民欠錢糧概予豁免

康熙四年春旱奉恩詔順治十六十七十八等年各項民欠錢糧
俱令蠲除

康熙六年旱蝗

康熙七年六月地震有秋斗麥三分斗米三分

康熙九年大風西南來拔木

康熙十年奉恩詔康熙四五六等年直省民欠地丁錢糧盡予豁
免

康熙十一年飛蝗從東來

康熙二十五年六月大風詔山東省本年地丁錢糧盡豁免并令

地方官勸諭紳衿富室將地租酌量減徵嗣後蠲免錢糧之省將蠲免之數分作十分以七分蠲免業戶以三分蠲免佃種之民

康熙二十九年饑

康熙三十年詔山東應輸漕米自康熙三十一年始一次各蠲一年（山東省係三十六年）

康熙三十一年夏大水戶部覆准山東存貯捐穀二十八萬九千餘石將此酌量借給窮民接濟春耕俟秋成照例償還

康熙三十五年大水

康熙三十六年四月大雨雹

康熙三十七年奉上諭戶部山東濟兗青三府屬比歲不登米價
騰貴保舉賢能司員二員前往會同該撫一面賑一面奏聞

康熙四十二年河決海泛武定遠近州邑氾沒舟行平地奉上諭
山東省康熙四十三年地丁銀米着通行蠲免有積年錢糧
拖欠在民者亦着察明免徵

康熙四十三年奉上諭山東全省四十四年地丁著蠲免

康熙四十五年大風三陣沙河鎮壞民居千餘間奉上諭山東省
自康熙四十二年各府屬未完民欠銀壹百六十九萬一千
七百兩有奇糧五千九百兩有奇或現在徵收或分年帶徵
俱著通行蠲免

康熙四十七年夏蝗

康熙五十一年奉上諭將天下地丁錢糧自康熙五十年爲始三年之内全免一周所有江寧安徽山東江西各撫屬除漕項外康熙五十二年應徵地畝銀共八百八十二萬九千六百四十四兩有奇人丁銀共一百零三萬五千三百二十五兩有奇俱着察明全免其歷年舊欠銀二百四十八萬三千八百二十八兩有奇著并免徵

康熙五十四年大水戶部覆淮商河等縣被災錢糧照分數蠲免

康熙六十年戶部覆淮濟兗東青四府被災動支倉穀散賑

康熙六十一年戶部覆淮濟兗東青四府屬州縣去年秋收歉薄

今春雨未遍二麥無收令於被災州縣衛所存貯倉穀開倉

救賑

康熙間土寇三毛眼犯境大肆剽掠城幾陷武庠生王建旌守城射中其首賊乃潰散武庠生劉青芝率衆追剿殺戮甚衆民賴以安

雍正元年四月初七日大風戶部覆准濟兗東青四府屬康熙六十年被災錢糧照分數蠲免　又康熙六十一年被災錢糧照分數蠲免　又奉上諭直隸河南山東流民有就食京師不能回籍者著五城御史清查口數量給盤費送回本籍毋致失所　又戶部覆准發山東倉穀賑濟歷城等九十五州

縣衛所被旱被水災民　又奉上諭山東省康熙五十八年
至六十一年分年帶徵未完錢糧俱着停徵一年
雍正二年有秋
雍正三年二月庚午日月合璧五星聯珠歲大熟奉上諭濟兗東
萊四府屬歷城等州縣被水淹塌房屋無力葢造者該撫督
率有司加意賑卹其被水災民暫動存倉米穀分別借給俟
來歲照數還倉
雍正七年奉上諭今歲東省秋收大稔父老皆言二十餘年以來
所僅見著將山東庚戌年地丁錢糧各免四十萬兩以獎地
方官民之善

雍正八年秋大清河溢東鄉田被水　縣民孫作聖妻一產三男
奉上諭山東地方發水被淹之州縣著照該督所請轉飭
司道等官仰體朕心按戶速行散賑務令均霑恩澤其無力
修理房屋者著賞給銀兩速行修葺俾得安堵棲身勿使一
夫失所至於賞給口糧著於兩月之外增添一個月其應免
錢糧之處即曉諭停徵　奉上諭著將東省不成災之州縣
今歲應徵之漕糧停其徵收俾民間多積穀石則民食自覺
寬裕俟明歲收成之後令百姓照數交官此項亦不必運送
京師即存貯本省補完今歲散賑動用之倉穀　又戶部覆
准歷城等七十三州縣賑過被水倒塌房屋無力修葺之災

民共一十一萬六千九百六十九戶准動銀六萬七千七百三十四兩五錢准其開銷　又歷城等八十一州縣衛所灶地被水錢糧照新定分數蠲免新舊錢糧一概緩徵

雍正九年戶部議准撥奉天存倉米二十萬石從海運至山東平糶一由利津縣入口運交歷城章邱鄒平長山新城齊河齊東濟陽青城商河長清武定樂陵濱州利津霑化蒲臺等州縣共十萬石

乾隆八年大旱奉旨截留南漕發給金溥賑饑民蠲免本年錢漕

乾隆九年秋大旱詔免田租十之六

乾隆十三年武定閤屬州邑大饑奉恩旨蠲免全省田租

乾隆十四年四月大水詔賑卹災民

乾隆十七年蝗蝻生旋滅

乾隆十九年秋水大風

乾隆二十一年有年

乾隆二十三年夏旱

乾隆二十四年蝗不入境有秋

乾隆二十七年夏雨典史署下二魚長三四寸墜地尚躍置盆中游泳如常

乾隆三十一年大水沒禾恩旨賑濟蠲免錢糧

乾隆三十六年秋禾被水奉恩旨賑卹蠲免錢糧

乾隆三十七年大水

乾隆四十六年秋大水恩旨賑卹蠲免錢粮

乾隆五十年大旱

乾隆五十一年大旱

乾隆五十二年夏五月旱後連雨二十九日

乾隆五十四年四月隕霜殺麥重生大收

乾隆五十五年河水溢

乾隆五十七年秋大旱詔緩徵本年錢漕

乾隆五十八年十月初六日大風

乾隆五十九年二麥被旱恩旨賞給貧民六月一月口粮

乾隆六十年秋蟲傷稼詔緩徵錢粮

嘉慶元年五月十三日大雨雹秋有年

嘉慶六年杏重實

嘉慶八九兩年蝗傷禾稼有收買蝻子之令民趨利爭掘不數日而盡

嘉慶十二年二月夜大風

嘉慶十六年春旱詔緩徵錢糧六鄉均有

嘉慶十七年秋旱詔緩錢糧六鄉均有

嘉慶十八年秋旱詔緩錢糧六鄉均有

嘉慶十九年秋禾蟲傷詔緩徵錢糧聚順安三鄉

嘉慶二十二年夏大水

嘉慶二十四年日月合璧五星連珠

嘉慶二十五年麥雙歧

道光元年夏大疫秋水詔緩徵錢糧聚順安三鄉

道光二年秋淋雨土河水溢沒禾稼詔緩徵錢糧六鄉均有

道光五年秋旱傷稼詔緩徵錢糧順安二鄉

道光八年秋禾被水詔緩徵錢糧六鄉均有

道光九年十月二十三日亥時地動有聲

道光十年四月二十三日酉時地動

道光十一年秋水淹稼詔緩徵錢糧六鄉均有

道光十五年重修縣志告竣印刷成書

道光十七年水旱蟲災

道光二十年正月十五日雷大震

道光二十三年夏四月彗星見

道光三十年正月朔日食

咸豐二年十一月地震

咸豐五年春正月雷震秋七月大清河黃水漫溢白龍灣決口漂沒廬舍田禾奉詔賑濟

咸豐六年秋徒駭河即潔河水漫溢傷稼奉詔分別輕重緩徵

咸豐七年秋徒駭河溢傷稼奉詔分別輕重緩徵

咸豐八年秋八月彗星見於西北光芒數丈犯文昌宿九月後沒

咸豐十年各鄉奉諭辦理團練城西李王莊邑庠生王藍坡充團長設團局於亞林庵誤收回匪良莠莫辨

咸豐十一年夏五月彗星見西北光犯紫微垣長竟天臨邑團長李士選德平團長李本楷與王藍坡言語衝突糾衆攻亞林庵團局殺傷四十餘人燒燬李王莊房屋數十間團遂解散

同治元年夏金星晝見秋七月彗星見西北方長竟天城東北小屯莊團長薛繼焚殺買虎站回教甚慘又勸捐團費人多銜怨臨邑團長陳冠甲率團敗繼於韓家廟繼被獲送縣正法

夏秋間大疫

同治二年夏四月有火星大如斗自東南流向西北有聲如雷五

月金星晝見

同治七年四月捻匪入境知縣孫頌清同在籍提督王海清東關人武庠生石英魁石秀魁帽楊莊人率衆守城城賴以完十三日賊攻城西孔家圩子村人楊濤洛王清河善少林技誓死殺賊酣戰半日殺賊數百羣賊蜂擁而至衆不能禦圩破遇害被賊屠殺者四五千人秋七月官軍勦捕捻匪蕩平奉

上諭免被擾地方民衆所欠糧賦八月河決大水

同治十年春太白經天秋霪雨七晝夜

同治十三年夏五月彗星見

光緒元年大旱

光緒二年春大饑自正月旱至閏五月始雨秋歉收

光緒七年夏五月甲子彗星見東北方

光緒八年春二月朔日食秋七月彗星見東南方河水泛溢

光緒九年秋大水

光緒十年河決齊河縣境李家岸邑東南兩鄉被水

光緒十一年李家岸合龍復決六月大水

光緒十二年河決齊河縣境油房趙莊大水

光緒十四年夏五月四日申刻地震六月黄河水溢

光緒十五年大水奉詔賑濟

光緒十六年漯河北岸孫莊決口大水蠲免錢漕有差

光緒十七年夏六月大水歲大饑緩漕

光緒十八年秋霪雨傷稼歲大歉緩徵十分之一

光緒十九年秋澇蠲徵有差

光緒二十年秋七月水嘯中日搆釁秋霪雨歲歉蠲徵十分之一

光緒二十一年夏六月河決大水

光緒二十三年雨雹歲歉蠲免有差

光緒二十四年正月朔日食秋七月大清河決科歲考試廢八股
詩賦改試策論經義秋八月慈禧皇太后訓政復八股

光緒二十五年秋霪雨繼以蝗旱緩徵十分之二

光緒二十六年大清河決拳匪肇亂臨邑拳首李元台以仇教爲

名率拳匪數百人焚燬城西南小張莊天主教堂慘殺教民
百餘人教首張鵬齡全家遇害
秋七月上奉皇太后西幸
秋八月邑令李兆蘭率官軍擊拳匪於臨邑之天齊廟獲其
渠魁拳匪悉平
光緒二十七年九月上奉皇太后回京
停武科考試　秋霪雨連旬
光緒二十八年復廢八股詩賦補行庚子辛丑恩正併科鄉試
在麥邱書院舊址改建高等小學堂　夏疫
秋澇成災蠲緩丁銀有差

光緒二十九年秋七月疫八月舉行正科鄉試八月二十日隕霜傷禾

光緒三十一年夏五月大風拔木冬奉令停科舉及生童科歲考試 始設郵政代辦處於城內

裁教諭缺在教諭署設師範傳習所

奉令裁綠營改練巡警 復移高等小學堂於考棚

秋疫氣流行死者頗衆甚有一家盡絕者

光緒三十二年始設勸學員勸導改良教授科學法創設初等小學堂

光緒三十三年裁訓導缺 設巡警局 設警察教練所

奉令纂修鄉土志四卷

光緒三十四年大旱裁撤德州督糧道衙門漕米免徵本色

設立山東省諮議局議員選舉事務所辦理初選事務

宣統元年山東諮議局成立　秋隕霜殺禾禾復生十月始熟

省立山東全省地方自治研究所每縣選送自治員二人入所研究自治

保舉孝廉方正舉行優拔貢考試加倍選拔以後貢士法廢

縣立單級養成所　變賣土河北隄樹株

宣統二年自治員畢業回籍籌備自治開辦縣立地方自治研究所並自治籌備處

春三月十九日隕霜殺麥麥復生　秋疫

劃全縣六鄉爲九區定名爲城區泰區隆區東順西順聚一聚二仁一仁二

宣統三年元旦大雪　春二月有火球自西北至東南有雷聲

秋七月狂風偃木雨澇歲歉　冬十二月有星自西南隕於東北有聲如雷

奉令成立縣議參兩會及下級議會自治籌備處裁撤加小學附捐每征銀一兩加收京錢四百文

十二月奉詔改建共和改宣統三年爲壬子年

中華民國元年廢除夏歷改用陽歷　下剪髮放足令

城汎典史缺均裁　設管獄官

郵政代辦處改爲三等郵局裁驛站夫馬公文案件統交郵局遞送

民國二年旱蠲徵銀有差丁銀折洋徵收每兩折洋二元二角

創設初等實業學堂

移勸學所於典史署後院改名爲視學公所

民國三年秋旱　縣議參兩會及下級議會奉令取消

民國四年秋潦緩徵漕米有差漕米折洋徵收每石折洋六元

始行印花稅　始發生搶架案

縣署辦公人員一律改領公費

民國五年夏蝗秋旱　縣農會成立

民國六年蝗歲歉蠲免丁銀十分之四

縣立衆議院省議會初選事務所

民國七年夏五月飛蝗入境歲大歉

秋七月城東鄉有黑風自西北來風過後人民多病瘟疫死

者甚衆　縣商會成立

民國八年夏大旱　秋澇歲饑蠲免丁銀十分之一

奉令設地方財政管理處省長委任財政管理員

置九區正副區長及段長劃九區共三十九段

民國九年夏無麥飛蝗蔽日　秋疫歲饑蠲丁銀十分之二

重修土河賈橋增四孔重修郭家橋並支河龍灣橋

民國十年雨潦成災

華洋義賑會創修禹夏汽車路以工代賑

民國十一年縣立蠶桑講習所於典史署前院　夏五月大雨雹

民國十二年夏六月二十九日殷家巷集期被匪剽掠　秋疫

民國十三年復設自治籌備處並自治研究所

民國十四年六月飛蝗遍野禾稼無傷　停辦蠶桑講習所改設

師範講習所

秋八月縣長溫鍾洛同第五師張營長凱臣並濱縣蒲臺利

津霑化陽信靑城各縣長帶隊護送張道尹慰萱回武定道

尹原任　冬十二月河北省潰兵過境

民國十五年一月六日土匪搶架城北劉萬枝莊女票一名被紅門道民衆奪回以下改用陽歷

奉省政府令限一月十五日以前解臨時軍費十七萬八千元按丁銀徵收

一月三十一日即十四年十二月十九日大股土匪攻破城南亓家圩子亓恆言等率衆抵禦同時遇害者一百三十四名擄去男女票民五十六名燒燬民房千餘間並搶城西南崇莊芮莊埃子李莊擄去七八十人

四月重修文廟改用黃瓦東西廡大成門櫺星門泮池名宦

鄉賢節孝三祠照壁均重修又新修忠義孝悌祠於文廟東

南隅舊址

十月二十五日殷家巷被匪搶掠擄去男女百餘人

十一月十五日季莊被匪燒死二十餘人

民國十六年三月十一日在縣駐防之陸軍第一百一十六旅六

百零五團第一營營長于普航剿匪陣亡

三月十七日土匪火燒城南甜水井白佛院等莊

四月挑修城東南小支河下游　六月飛蝗過境

重修外城並修補內城東城樓及東北西南兩段城牆

七月德平濟陽臨邑陵縣德縣商河六縣奉令建剿匪陣亡

于營長普航專祠於城西南隅福勝寺前

民國十七年五月聯軍總指揮第一第四兩軍約七八萬人過境設臨時支應局聯軍甫去魯軍吳杰黃鳳岐兩師又到大索給養均住一夜向惠民而去

紅十字分會成立　縣法院成立

潰兵一股在城南演武屯一帶搶掠村人楊道平率民衆抵抗戰歿於野

五月十六日黨軍方總指揮新委縣知事張性到縣各界改懸青天白日旗

縣知事改稱縣長改警察所爲公安局改保衛團爲警備營

魯軍第四師長吳杰自稱爲武定十縣保安總司令十縣按征銀派攤薪餉

方總指揮訓令征軍麥一千石合二十萬斤運送德縣

黨務指導委員會在城隍廟住持僧宅成立

商民協會農民協會成立　革命軍北伐成功

建築中山公園於福勝寺　廢除祀孔典禮

九月初十日革命第十二軍任軍長應岐令第二混成旅李旅長樹林帶兵兩團來縣就食索要給養

十一月改本縣警備營爲人民自衛團第四大隊内分三中隊歸惠民第六區區部管轄

建築民衆會議廳於文廟泮池北

廢除縣前碑碣

黨務指導委員會改組縣黨部移居文廟東西廡及四祠內

修築省道縣道設立省道辦事處　反日會成立

十二月分隊長肇金鑑在周集剿匪陣亡有碑記

民國十八年一月李大隊長春藻奉區長令帶兵二百名赴章邱剿匪二月二十七日變兵屠城放獄囚收槍械擊斃兵民一百零三人傷二十餘人大肆搶掠擄去票民四百餘人車馬銀錢衣服無算一月後始由高苑桓台贖回先是去年十月駐札縣城之十二軍兩團人內供給不周生有慫恿本年二月二十一日忽然開去只楊營長帶兵一連在城留守聲言回德縣領槍不

料行至桑園即行譁變連夜折回沿路搶掠而縣中不知也二十七日至縣城縣長張性不察盧實以為領餉回防開門放入進城即變城內留守兵隨之開槍亂擊環攻公安局大隊部並分擄內外城門放獄囚捕要人鎗斃一百餘人焚燒郵政局大隊部大肆搶掠城內及四關無一家幸免自早八鐘至日暮始在南門外集合向南颺去所擄之男女票民約四百餘名五關之車輛牲口全行帶去均是滿載財物並將張縣長帶去至河南之秦家道口始得逃回城內商號遭此搶掠精華殆盡至次日駐札慰民之馬師長鴻逵派騎兵來追路經縣城駐宿一夜向南追去變兵已渡河矣

人民預備自衛團在中山公園成立

四月大股土匪擄掠城西南大張家莊帶票二百餘人

十二軍四十九師師長任應岐因其一部譁變率軍向東南追逐設兵站於城內復設軍事支應局又由羊角溝運來食鹽存清河鎮派銷各縣本縣派銷一千六百餘包

七月六日大風拔木雷電交作大雨傾盆雨後飛蝗入境縣長同建設局長率衆驅捕禾稼未傷後又滋生蝗蝻亦被捕滅　商民協會取消改組商會

開辦幹部學校　八月縣黨部改爲整理委員會

九月八日匪搶城北路家廟集塲擄去二十餘人

惠民人民自衛團第六區區部奉令裁撤本縣第四大隊改爲警察隊歸縣長節制大隊長降爲教練官

人民自衛預備團奉令改組爲保衛團以縣長爲團總設辦事處於縣政府內

四十九師輜重營布營長奉令開拔各界歡送

軍事支應局結束裁撤

民國十九年一月十一日查三環

警察隊分隊長楊斯臣在城北馬家菴勦匪陣亡

麟經坊廢　文廟大成門改爲縣黨部辦公室

二月初級教員訓練班在文廟開辦　設工會於節孝祠

五月晉軍到縣委么寶昌爲縣長張縣長繼良交卸回省

土匪擾城南錢莊鋪一帶人多來城避難　夏蝗蝻生

晉軍過縣東去絡繹不絕大衆給養車輛復設軍事支應局

七月初三日土匪搶掠城東南黃嶺劉莊張莊張坊擄去六七十人　初四日土匪搶掠城北小王莊擄去七十餘人

二十六日大風拔木

八月匪首海沙子南羊等攻破城北鄭莊大肆殺害義勇王承芳王承清槍擊土匪三十八名因彈缺無援被匪攻破

晉軍退却過境　　溹河水漲河南各莊均被水

匪首海沙子蟠據城西經石友三軍楊師長招安由縣發給招安費大洋三千元後復叛

九月二十五日晉軍退完八十五旅李旅長漢章到縣官長一律更換均由旅長委任以後再請民政廳加委

李縣長鳳五到任視事扣留前任么寶昌算交代

民國二十年三月十六日省政府主席韓復榘視察到縣

秋禾被蟲災

改文廟照壁建縣黨部大門東建閱報所西建講演所

民國二十一年舊歷六月二十四日土匪蟠踞白馬店五六兩區聯莊會率衆追剿陣亡會員十三人七月二十日在魏集開追悼會　秋疫　蚜蚄成災

魯北民團總指揮趙仁泉來縣勦匪團部駐札城內所有組獲立即正法土匪斂跡四境敉平

民國二十二年七月石縣長毓嵩蒞任　冬金土二星晝見

劃全縣爲三大學區每一大學區分若干小學區以附近之莊征銀足五十兩以上者爲一小學區學款按征銀分攤

民國二十三年三月重修縣志設立文獻委員會重修縣志股

秋第七八九三區雨澇成災銀米並緩者前盧維等四十二莊緩徵漕米者朱莊等二十四莊　成立縣國術館

七月承審員徐丕成奉高等法院令調省委徐仲三接任

八月五日省黨部執行委員張象冬來縣視察黨務

十一月十六日奉令裁撤九區區長取消區部改爲兩級制由鄉鎮長直接縣政府旋辦聯莊會九區各立分會選派會員公選鄉鎮長一人爲分會長

奉令建築縣倉二十一間於縣政府北存儲積穀備荒

民國二十四年春大旱七月初八日始降普雨得種晚豆　秋澇

豆歉收第七八九三區去年被災各莊仍復成災分別輕重緩征丁漕有差　設立聯莊會會員訓練所每鄉抽調二人入所訓練以三個月爲畢業期第一期已開始訓練

八月初十日奉韓主席令因鄄城黃河決口各縣被水災民分運魯北各縣收容今運到災民一千一百七十三人暫在城區收容　成立黃河水災救濟委員會

議立徵調大車公用法每地足一千畝之村莊出大車一輛不足千畝者兩莊合併輪流徵調

九月十五日續到災民二千人分配九區收容之

縣管獄員兼看守所所長吳佩鍇蒞任

十月縣黨部奉省令停職　縣農會奉省令取消

縣承審員朱嘉端蒞任前任徐仲三調鄄城

九區聯莊會分會長奉令取消各區改選一人爲區隊長

十五日公安局局長楊林蒞任前任軒文奇調省

二十四日霜降節大雨連夜四境酣足得種晚麥

十一月奉省令全縣全年地丁每徵銀一兩攤救濟黃災難

民粮價捐洋一元五角隨銀帶徵

倉儲保管委員會成立開始徵收積穀

教育館移居文廟前院　聯莊會訓練班第一二隊移居文廟

後院　開始重修監獄成立重修監獄委員會

派第二第九兩區收容災民中之少壯者赴惠商分界之沙
窩墾地酌給津貼
十二月商營商玉商胡商殷四鎮路翻修告竣
全縣九區歸併爲八十一鄉鎮

（清）駱大俊纂修

【乾隆】武城縣志

清乾隆十五年（1750）刻本

武城縣志卷之十二

祥異

天人相與起應之際其可畏也箕疇庶驗漢志五行勸戒昭昭矣間亦有不足憑者將天道幽元感召之故終難臆測乎非也蓋嘗盱衡往事大抵瑞應不時反為妖孽殷憂啟聖不乏氛祲彼夫阿閣之鳳非虛來負舟之龍非妄出廣漢之蝗何以入海劉昆之虎誰遺渡河熒惑三言而退桑穀一夕而枯復古行中而有年放郭都理寃獄而澍雨諸如此類長者以為偶然有識

斷歸人事矣側身修省此感彼應如響赴聲於戲何其速也

北魏孝文太和舊志延興誤十三年縣獲白雀以獻舊志武城縣獻白雀不類本邑志語故更之

宋熙寧九年有旋風自東南來望之挿天大木盡拔俄傾轉上入雲旣而復下漸近縣城官民廬舍悉捲去未幾墮地縣令家人傷者數口民間亾失不可勝計舊志尚有縣治爲墟乃移今縣八字攷通志武城舊縣大觀中衛河水决移今治卽舊志城池亦云大觀中徙築大觀宋徽宗年號也若熙寧則神宗時矣前後相去甚遠例[illegible]省至此因删之

金明昌二年旱大饑邑人蘇俊補志舊志尚有徽宗大觀年芝草生於講武
亭一條攷大觀二年芝草生武水之講武亭
史有其事非武城也舊志明係牽附故刪之

元世祖至元元年縣民王家妻崔氏一產三男

武宗至大元年蝗

文宗大二年有蟲食桑樹枯以上俱舊志

順帝至正六年地震七年二月又震聲如雷邑人蘇俊補志

明憲宗成化九年秋七月河決　十八年八月大水

孝宗弘治五年大饑人相食以上俱前明志

武宗正德八年冬八月不雨至九年六月乃雨前明邑志　十二年七月河決前明邑志

世宗嘉靖元年十二月西城樓白氣如煙七日乃止　二年大風霾雨赤沙自正月至六月不雨無麥禾　八年秋飛蝗蔽天歲大饑　九年秋河決溺死者數百人　十一年春三月不雨至六月淫雨俱前明志　十二年十一月丙子夜星隕如雨通志　十七年夏六月大水河決如九年　二十三年夏六月大水秋七月復大水河決歲大饑

穆宗隆慶元年傅官屯民程得志家牛生二犢一牝一牡明年復然（俱前明志）二年春芝草生南郊四月五日大風霾　三年傅官屯民劉茂家驢産雙駒一牝一牡（前明邑志）六月十一日雨雹有大如雞卵者七月朔河決淹稼傾廬人多死亾既望水始消凡深溝窪地異形怪魚千萬計頭皆硬甲兩傍如蝦足者六腹以下至尾皆紅色鬚鬣亦似足形行甚急有一寸二寸一尾二尾各異　七月望月食有暈帶金水星（俱前明志）

神宗萬歷元年大旱　十一年秋八月地震俱蘇志　四十一年八月八日午時星員於東南者三聲如雷一離城三里許入地丈餘重四十八觔一五里許重十七觔一七里許重九觔俱堅如鐵石　四十三年大饑人相食蘇志

熹宗天啟元年旱蝗蘇志

懷宗崇禎八年三月十日晝晦　十年七月十日未時城南楊家莊疾風拔樹發屋　十三年大饑疫　十四年斗粟一金人相食舊志

國朝

世祖章皇帝順治七年八月十三日酉時有火光起東南隅西流聲震如雷

聖祖仁皇帝康熙七年六月十七日戌時地大震自西北而東南聲如雷房舍多圮　二十八年四月十四日鄉民王聲高妻一產三男　四十一年六月十一日鄉民李春友妻一產三男　四十二年大水

世宗憲皇帝雍正三年秋大水河決呂家口

皇帝乾隆八年大旱

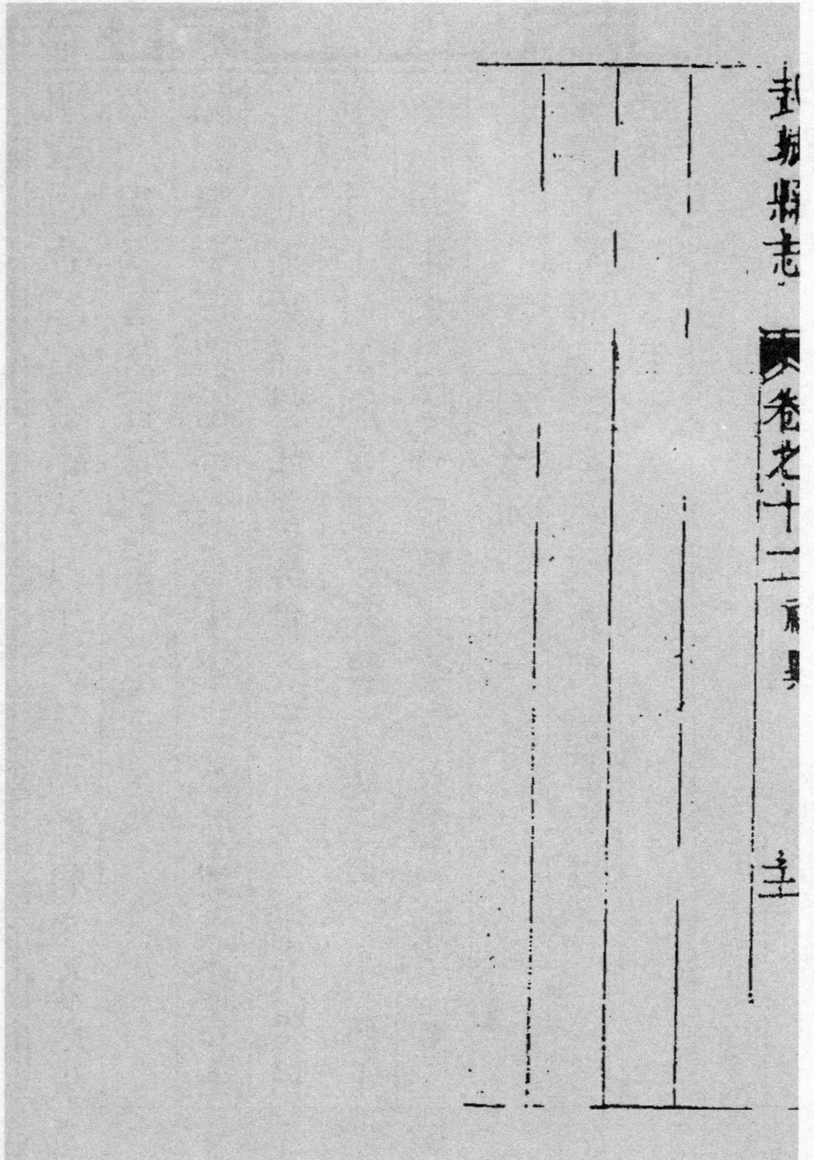
卷之十二

【民國】增訂武城縣志續編

王延綸修　王黼銘纂

民國元年(1912)刻本

續卷之十二

國朝百年以來舊志僅誌異七條大約非有確據不錄也茲亦惟有據者錄之續祥異

乾隆二十二年河決　二十九年六月十九日鹽廠村民劉成妻高氏一產三男　四十四年大水　四十六年洽上里張家莊壽婦高氏年一百有一歲　五十五年大水　五十七年大旱繼以蟲災　五十九年大水

嘉慶二年水西里壽民商元士五世同堂　二十年大稔　二十一年四月二十日武庠生王鴻

盧湛刁氏一産三男　河決南李莊　二十四
年河決萬家厰　南李里壽民李振宗五世同
堂　冬十二月十九日大雨雪河漲
道光元年秋疫歲則大熟　二年六月河決大堤
口　七月又決牛蹄窩　三年河決梁家窪
八年七月二十三日霪雨　十年閏四月二十
一日戌時地震　十三年河決五股河
道光三十年歲次庚戌正月十四日聖駕歸天新
君嗣位至是月之二十八日辰正二刻天氣清
亮四面無雲忽見日外有黄氣周遭圍之其形

加環而甚顯又日圈之西北角有白氣大圈現之一圈繫相勾連但日之周圍其圈小日圈外之圈其圈大

咸豐初城西南呂凹村呂楓林之妻黄氏一産三男 咸豐七年旱蝗 八年麥大熟秋大水 九年旱 十年蟲 同治二年大水 五年大風雹 七年大水 八年旱 十年大水 十二年大水 光緒三年旱歲大饑 四年大水十月三十日許口河決 六年雹旱 九年大水八月初五日劉古庄河決初六日姜家圏河

決　十年雹　十一年大水七月十一日曹口河決　十六年大水五月二十三日南關汛決水由城濠而東而北水口南之對頭河自此以後俗爲淤地　十八年大水祝官屯西北隅蜂窠河決　二十年七月十九日寅時李圡酉時姜家園戌時甲馬營牛蹄窠三處決口　二十一年大水　二十六年拳匪亂　宣統元年大旱秋苗枯　二年三月二十日霜木葉微脫四月二十七日未時雨雹大如雞蛋南境較甚麥禾盡偃　三年蟲小而食心詩所謂去其螟螣

是也七月初一日戌時大風折木毀屋

（明）杜永昌修 （明）張季霖纂

【嘉靖】恩縣志

明嘉靖十七年（1538）刻本

恩縣志卷之九

災祥志

災祥怪異史不絕書如春秋書大有年大無麥禾大水之類綱目書黃河清河決蝗飛之類左氏傳豕人立而啼蛇鬬于鄭神降于莘石言于晉柩有聲如牛之類其休其咎類有招致書休以示勸書咎以示懲也恩志即古史廼災祥怪異間亦有作故據所考究直書於志末而自爲

一卷六

災

漢

元帝永光五年河決清河靈鳴犢口而屯氏河絶

唐

高祖武德四年貝州人劉黑闥漳南自稱漢東王饒州刺史諸葛德執斬之

國朝

成化九年饑甚人相食
弘治十五年九月十七日暮地震有聲
正德七年七月民訛言有妖夜擊銅鐵之聲不絕者數
嘉靖七年秋蝗飛蔽天
九年衛河決壞民廬舍禾稼甚衆
十三年春不雨至夏六月
十五年冬十月初九日地震

十六年夏四月三十日陰雨龍見

祥

金

章宗明昌中恩州西五里產嘉禾一莖三穗

恩縣志卷之九終

【宣統】重修恩縣志

（清）汪鴻孫修
（清）劉儒臣、王金階纂

清宣統元年（1909）刻本

災祥

漢

元帝永光五年河決淸河靈鳴犢口而屯氏河絕

通鑑

成帝建始四年河大決

成帝鴻嘉四年淸河水溢灌郡邑三十一敗官亭民舍四萬餘所本紀

王莽始建國二年河決魏郡泛淸河以東數郡通鑑

東漢

安帝永初元年十月周章等以鄧太后不立皇太子勝而立淸河王子故謀欲廢置十一月事覺章等被誅是年郡國大水漂沒人民讖日水者純陰之精也陰氣盛

洋溢者小人專利擅權依公結私侵乘君子之象也

南北朝

魏

宣武帝康明四年清河郡冬桃李華

孝文帝太和八年清河郡獻白雉

宣帝孝昌三年清河郡木連理

後齊

武帝永明三年六月庚子清河大雨至甲辰山東大水人多餓死是歲突厥寇并州陰戎作梗之應

唐

太宗貞觀三年貝州水說者曰水太陰之氣也若臣道崇女謁行夷狄强小人道長嚴刑以逞下民不堪其憂則氣類盛其氣應而水至其謫見於天月及氐星與列星之司水者爲之變若七曜循黄道之兆皆水祥也

高宗顯慶元年九月戊辰貝州火焚倉庾甲仗民居二百餘家

元宗開元二十五年貝州蝗有白鳥數十萬羣飛食之一夕而盡禾稼不傷

後晉

開運二年河北大飢兗鄆滄貝之間盜賊蠭起通鑑

開運三年河溢歷亭晉紀

宋

太祖開寶六年七月貝州御河決舊志

醕化二化貝州蝗十二月無冰本紀

至道元年四月貝州獻白鵪鶉舊志

皇祐三年五月恩州旱舊志

神宗熙寧元年六月河決恩州烏欄隄通鑑

哲宗元符三年正月壬申恩州地震舊志

徽宗宣和三年六月河決恩州清河埽本紀

金

貞元十三年恩縣西五里產嘉禾一莖九穗立嘉禾碑繪圖刻石今碑無

元

世祖至元元年十月恩州歷亭縣進嘉禾一莖九穗府志

至元五年恩州大水府志

至元二十二年夏四月恩州等處蠶災府志

至元二十九年三月恩州屬縣霜殺桑舊志

至元三十九年九月恩州水本紀

成宗天德七年五月恩州霖雨本紀

武宗至大四年恩州霖雨傷稼府志

英宗至治二年二月恩州水民飢疫本紀

文宗至順元年恩州飢本紀

順帝至正七年十二月恩州飢本紀

明

憲宗成化九年飢甚人相食舊志

孝宗宏治十年三月墮魚於市府志

十五年九月十七日暮地震有聲舊志

武宗正德七年民訛言有妖黑色不辨眉目爪人如針痕中傷者流黃水而死每夜金鼓之聲達旦舊志

世宗嘉靖七年秋蝗蔽天舊志

九年御河決壞民廬舍禾稼甚衆舊志

十二年春不雨至夏六月始雨

十五年冬十月九日夜地震

十六年夏四月三十日陰雨見龍以上舊志

二十三年民間訛言有響馬賊拒捕格傷官軍縣選民間成丁者守城丁出磚石灰瓶有差門用土實塞月餘方定至三十二年亦如之見府志

二十八年邑庠訓導樊衍種學東射圃隙地犇麥一莖五穗者三本一莖四穗者五本一莖三穗二穗者甚衆是年秋恩庠中式者三人一連捷樊爲淸苑人其子亦於是秋中京闈明年連第邑參政左傑爲瑞麥歌以咏之見詞翰

三十一年衛河決

三十五年衛河決没民禾稼

四十年四月六日未時有風自西北來晝晦如夜

旣而紅如火是歲大雩天疫流行死者狼籍

四十五年夏六月城西北冰雹大如鵞卵禾麥無

存傷人有至死者

穆宗隆慶三年夏六月蝗飛蔽日後蝻生徧野傷

禾殆盡是年冬無冰

神宗萬歷三年三月二十八日城西南風雨驟至

冰雹蝟集頃刻徧地禾麥一空

七年正月八日大冰入月二十三日雨雹有大如拳者津期店東北諸村房瓦皆碎九月二十一日又雨雹

十年大瘟疫弔哭卽染

十一年雨雹大如盌皆龜甲旋螺之形　三月三日大風隕魚形狀頗異

十二年四月一日甘露降城東草木凝香其色正黃其甘如飴（邑通判王牧傳）是年麥稔城北里許秀雙歧者數畝

十四年夏大旱四野終夜羣呼名曰打旱魃有喪
者殯葬多不保立秋日雨衆始定
十五年春民飢剝木屑食秋七月蝗生徧野食禾
傷穗
十六年夏秋雨連旬渰沒禾稼壞民廬舍甚多有
壓死者
十九年夏六月蝗入境邑西郊數里外食苗殆盡
後蝻復作巡撫宋移檄祭之終未息
二十年秋七月衛河溢隄西水深數尺居民田廬

盡溺捕魚爲食越二年知縣孫居相扱開洩水渠導水入河患始消民得耕作

二十二年春三月城西北雨雹形如鳥卵麥苗多傷　夏四月又雹傷麥府志

二十三年夏六月旱秋九月三日城北雹

二十四年八月地震池水爲傾

二十五年八月地震如前

以上見府志並舊志

萬曆四十三年歲歉

莊烈帝崇禎十三年大旱無秋

十四年春民多飢死人相食道途行人幾絕

國朝

順治二年春夏無雨六月始雨歲大飢府志

順治五年大雨淤禾

七年夏旱秋大水沖決河防道淤三載

九年正月三更西南有赤光大如碟盤聲如水鴨飛狀往東北而去府志五月五日雨雹大如雞卵未刈之麥一空

十一年八月初五日辰時地震

十二年夏旱至七月七日夜始雨秋稔

康熙四年大旱巡撫奏請 允免本年錢糧遣官賑濟至六月初旬始雨有秋

七年七月十七日戌時地震

十三年旱

十四年蝗從南來

十八年六月二十八日巳時地震

二十三年春風刮麥秋霪雨害稼

二十五年衛河決

二十八年五月十五日烈風暴雨自西北來損壞
樓脊吹倒雷氏坊

三十年五月十五日黄雲蔽空雨雹損麥禾

三十一年大雨

三十二年大雨河決淹苗兼有蝗

三十四年四月初六日戌時地微動

四十二年六月霪雨初二日大水自西南來廬舍
傾頹禾稼淹没陸地行舟時値歳試自縣乘桴直

抵東昌

朝廷遣官截漕賑濟停徵本年錢糧

四十三年春歉

詔免四十三年條銀民病疫死者甚衆秋

詔免四十四年錢糧民有起色

四十四年五月十八日午後有黑風自西北來晝

晦如夜有頃風過雨集拔木無算

四十六年河溢

四十七年大旱終歲未得霑足兼有虫災

四十八年無麥

五十一年六月初十日午前赤蠭忽至𠀇牖莫辨沙鋪寸許

五十五年六月水决河防知縣曹維翰委官監修

五十九年四月初十日流星自西南來聲如雷震隕石三　大旱無麥　六月初八日地震府志

六十年春旱無麥

六十一年春旱夏麥枯死秋禾半收

雍正元年二月十八日寅時有黑風自東北來

地昏晦至晨漸息　四月初七日熱風如火灼人申時大風忽自西北來飛石拔木有頃黑霾如漆良久復變赤霾乍明乍晦逮曉方息二麥枯萎秋苗亦傷民苦飢饉流離載道知縣陳學海捐米散賑邑紳李緒宣夏渠夏秉衡朱世贊張如浚夏之瑶劉三英等各量捐助賑

以上見府志並續志

雍正二年河決陸地行舟府志

三年秋大水衛河決府志

嘉慶二十四年衛河決連淤八載

道光元年四月初一日日月合璧夏大疫人多傳染不敢過慶弔

六年無麥大風霾三晝夜不息

八年七月二十三日大雨平地水深數尺

二十五年十二月夜燐火徧野行皆北向至二十六年正月下旬乃息人皆愕然俗言鬼反

咸豐三年飛蝗蔽天禾盡傷

四年飛蝗入境蝻生害稼

五年七月蝗從南來飛蔽天日集田害稼

六年六月旱蝗蝻生徧地食禾盡民大饑

七年飛蝗蔽空米價昂訛言四起六月初六日雨

溼足人心始安

十一年五月二十四日彗星見於西北八月初一

日日月合璧陰雨不見

同治六年大熟

九年無麥

十年衛河決

光緒元年歲歉

二年無麥自元年九月至是年閏五月二十七日始雨種禾秋大熟

三年大旱無秋

四年四月夜雨雹大如雞卵厚數寸麥禾皆空米價暴騰野多餓莩未幾疫作人死減半秋大熟

十四年夏旱苗盡槁人死無數八月十四日未時地震

十五年十月十六日未時黑風自東北來拔木撤

屋大北關崇興寺大殿坍塌

十六年衛河決

十七年蝗蝻生食禾

二十一年五月二十日大雨屯衛河決秋熟

二十三年秋大熟

二十五年蝗蝻生害稼

二十七年六月二十日大雨數日不止民房多坍塌

二十八年霍亂盛行人死無數

三十三年春大旱至七月十九日始雨秋半熟

三十四年春旱六月二十五日夜邑西南境有流火自西北來没入東南大與碗若尾長丈許光射十里外

（清）方學成修　（清）梁大鯤纂

【乾隆】夏津縣志

清乾隆六年（1741）刻本

夏津縣誌卷之九

雜志

災祥

宋真宗咸平五年邑人趙脊妻一産三男

神宗熙寧六年河溢○按綱目分注河溢北京夏津帝語執政聞京東調夫修河有壞産者且河决不過占一河之地或西或東利害無所較聽其所趨如何王安石日北流不塞占公私田至多又水散漫久復澱塞昨修二股費至少而公私田皆出向之瀉鹵俱爲沃壤庸非利乎況調夫已減於去歲若復葺理隄防則夫愈減矣

帝從之乃始置濬河司先有選人李公義者獻鐵龍爪揚泥車法以濬河其法用鐵爲爪形繫舟尾乘流相繼而下一再過水深數尺宦官黃懷信以爲可用而患其太輕安石請令懷信公義同議增損乃別置濬川杷其法以巨木長八尺齒長一尺列於木下如杷狀以石壓之兩傍繫大船各用滑車絞之撓蕩泥沙或謂水深則杷不及底淺則齒礙泥沙人皆知不可用惟安石善其法乃賞懷信而命公義官以杷法下大名令都大提舉河隄范子淵與通判知縣共試之皆言不可用會子淵以事至京師安石問其故子淵意附會遽曰法誠善第

尉官議不合爾安石大悅及置濬河司將自衛州濬至
海口差子淵都大提舉公義為之屬既而功用卒不成
子淵乃以罪貶
十四年夏河決白溝注入御河
孝宗隆興元年十二月夜白氣見西南方出危入昴
元世祖至元十八年螽害稼
二十九年閏六月蝗
成宗元貞七年蟲食麥
武宗至大元年五月蝝生
英宗至治元年大水饑

順帝至元三年御河溢

四年春三月大雨雹

至正六年春二月地震七日乃止

七年三月地震有聲如雷

明英宗正統四年饑

景帝景泰四年饑

憲宗成化九年三月初四日晝晦如夜

十九年大饑

二十一年大饑人相食

孝宗宏治五年旱大饑

十五年九月十七日戌時地震如雷

武宗正德二年秋蝻生

四年夏黑眚見

八年四月十一日大雨雹

十五年八月初十日地震

世宗嘉靖二年大風霾雨赤沙自正月至六月不雨無麥

三年大饑道殣相望

七年飛蝗害稼

九年秋八月大水運河决

十年四月旱八月蝗

十一年五月雨雹大風拔木發屋

十二年十月初七日星殞如雨

十五年旱蝝生

三十一年運河決平地水數尺

三十九年三月三日晡時有赤氣自西北來晝晦如夜

秋大旱民轉徙

四十年大饑三月雨土四月六日晝晦赤光南下如電

四十一年大饑

四十三年大雨雹殺禾菽

神宗萬歷八年正月雨氷
十年大疫
十一年雨雹如碗皆龜甲旋螺之形六月初四日夜半有流星如月自北向東南墜白氣如烟久之始滅
十九年夏六月蝗
二十八年大饑
三十年飛蝗遍野
莊烈帝崇正十三年大饑斗米兩銀人相食
國朝順治元年麥禾災
十一年黄水泛漲運河溢八月初五日地震

康熙三年七月十二日大雨雹平地厚一尺許

四年旱

七年六月十七日地震

十年七月蝨螣害稼

十一年秋蝗

十八年七月二十八日地震官民房多圮

二十三年旱

二十八年旱

四十一年冬行夏令

四十二年水災大饑

四十七年夏秋大旱
四十八年春夏風霾大作黄沙蔽天麥禾枯
六十年旱
六十一年旱
雍正元年四月初七日黑風蔽日
三年春夏旱秋大水運河决溢萬家月河
八年大水運河決李家口○按城西條河數十莊村與
德州衛九屯錯處地勢甚窪東於運河沙河兩堤岸之
間夏秋淫潦惟東北一方可以洩水先是雍正三年運
河溢武城人私於下游築堤阻水幸土性未堅尋被冲

水仍由衞至夾馬營牛蹄窩入河八年運河又決武城人復築前堤私立石碑稱爲古堤更加高厚立窩鋪晝夜防守縣衞被淹之民欲掘不能鳴之官由縣詳府道及河東總督案下蒙批本道呈詳前事查得夏津縣李璲德州衞李翔翔等呈控武城縣民於龍王嘴横築長堤以致該縣衞白泊蓮花池等處水道俱塞不能灌注河內等情查此處夏津德衞武城均有分轄檄令兩縣一衞循照現在溝形公同撥派民夫分界開掘一律開寬三丈深五六尺不等俾蓮花池等處水可直達沙河庶水患可除訟端可息至現在石碑係武城百姓私立

應於此案定後公同另立石碑以垂永遠此批明晰甚
關一方利害前疆域志河道一目未及詳載故附志於
此

十年春夏旱知縣方學成申請蠲賦

十一年夏鄭保屯東北蝻子萌生知縣方學成督民夫
撲捕忽有山鵲數千飛集啄食殆盡人咸異之

乾隆元年七月十五日夜地震

二年秋西北鄉水知縣方學成申請蠲賑

四年夏城東有飛蝗過境自西北而來由東南而去零
星散落張家集等處知縣方學成督民夫捕滅禾稼無

傷秋七月西北鄉水中請蠲賑

五年夏四月城壯孫生鎮等處雨雹知縣方學成申報

勘不成災五月楊家窪等處蝻徵生縣督民夫捕滅亦

有出土即死者歲大熟

【民國】夏津縣志續編

謝錫文修　許宗海纂

民國二十三年（1934）鉛印本

夏津縣志續編卷十

雜志　災祥　紀軼　塚墓　寺觀　附捕蝗錄　種棉方法　衛生要言

序

本志舊志序既記述詳明証引博洽似無庸再贅惟中經百九十餘年普通事類既就聞見所及次第採列乃有事屬瑣屑而堪供研求事近離奇而可昭法戒如通志所謂陸海滄桑鬼神祥瑞理所無而事或有倘缺焉不詳亦稽古者一大憾事又寺觀一項方公前志云舊志列雜志內蓋外之也因移附典禮茲考通志臨志膠志諸書均列雜志誠以神道設教雖爲古人所採要皆渺冥恍忽傳疑傳信舉不足爲訓益以黨政改組破除迷信之旨三令五申納之正册顯有未合

不過寺廟爲古蹟之一國府明令保存未便任其埋沒且方公前志亦以梵宇琳宮各標勝蹟爲言今除載在祀典者仍歸典禮外餘概列本志志雜志第十

災祥 清代災祥 民國災祥

清代災祥

嘉慶十三年五月十七日大雨雹

二十四年河決燕窩口 按縣第十區處邑西鄙界沙衛兩河地勢窪下每遇雨爲災河水潰決廬舍傾圮釜底蛙生自明清迄民國屢被水患民甚苦之

二十五年半壁店決口將莊衛而爲三故至今有三店上之稱

道光二年正月楊纜口決是時冰雪載途救護不及傍河村舍蕩然無存

是年萬家廠口決

二十七年十二月初三日初更時忽有燐火遍野自是黃昏即出黎明始滅村人相約遂探遠望甚明近則全無終夜擾攘互相驚疑嘗訪鄰村所見皆同及詢鄰縣無不如是次年春始熄俗傳鬼反識者以爲兵兆未幾而有臨清失陷之變見大事記

咸豐七年蝗食禾稼歲大饑

同治九年旱歲饑

光緒元年旱歲饑

二年旱自春徂夏赤地千里閏五月十七日始雨田禾播種後雨無愆期秋大熟見大事記

十年蝻害稼大饑

十六年衛河自張窑決由沙河循紅廟解諸口入白波受害甚烈

二十一年油坊南口決長九十餘丈邑宰趙爾萃督夫築塞各險益加高厚後二十餘年無潰決之患見大事記

二十二年蝻食稼饑

二十五年二月二十日午後大風從西北至始而昏黃繼而黑不見人越一時許止相傳田畝農人有誤墜井中死者

二十六年三月日光赤如血大旱至七月始雨八月補禾不出盡死大饑

是年拳匪起以仇教為名到處滋擾知縣屠乃勳擒其渠魁誅之境內拳匪逐漸衰息詳大事記

二十八年疫癘作傳染甚速至有全家不遺一人者戚友幾不敢通弔問

三十二年四月雨雹大如桃核平地厚半尺許麥熟未獲者鉛地成氈

三十四年邑民王条妻一產三男

宣統二年四月下午三點西北狂風大作空中若瓦礫聲倏雨雹大者如碗如拳如卵時值麥秋凡未割麥摧倒一空林樹枝幹多折殘城鄉房舍間有傾塌者城南沙河內有三雹大如破人望見疑死羊爭取之近視乃雹並傳老幼男女有被雹擊傷死者

三年二月中每晚九鐘許彗星見西南尾東北約數丈又下三

四鐘彗星見西南尾東南約里餘白如練兩彗經月餘始滅後八九月間革命軍起彗星或其預兆又是時太白晝見爭傳上天示象將不利君主未幾清帝遜位近年科學發明星日變象均屬一定軌道謂為有關運數乃不經之談然徵之今昔往往其應如響竊所不解用類誌之以俟高明

是年處暑日大風雨拔木田禾盡倒

民國災祥

民國六年六月十七日臨清張窖口決漫入沙河土人護守兩月八月十一日沙河水陡漲由祁家口漫溢而出隄遂潰決十三日洪化日又決由白泊北下三十餘里盡為澤國知縣唐賢猷於次年督築沙河口岸見大事記

民國七年縣東境馬頰河久淤為民田是年秋陡出螃蟹無數盡

向東行數里不絕未久土匪橫行河兩岸村莊慘遭荼毒人咸以蟹之出爲不祥云

八年秋蝗

九年旱六月始雨九月二十四日霜晚禾凍枯均未成熟民多凍餒

十五年六月初五日大雨傾盆狂風怒號越一晝夜始息樹木擺倒大半房舍牆垣坍塌尤多爲百餘年未有之災

十六年姚寨近村有榆樹一株大數圍高數丈入冬葉已凋落不旬餘忽重生榆莢點綴如春翌年即宣布南北統一

十七年秋蝗

十八年三月十三日黑風蔽日越三四鐘許秋城西城北田禾

淹沒縣長高國祥呈准蠲賦

二十一年大雨水滸水淮一帶禾稼淹沒縣長謝錫文呈請蠲賦准緩田賦之半

二十二年歲大熟

紀軼　清代紀軼　民國紀軼

（清）祝嘉庸修　（清）吴潯源纂

【光緒】寧津縣志

清光緒二十六年（1900）刻本

祥異

古人於吉凶之兆皆曰祥春秋有星孛於大辰西及漢左傳漢水祥也又鄭之未災也里析曰將有大祥是水火災變皆謂之祥徐鉉曰祥詳也天欲降以禍福先以吉凶之兆詳審告悟之也故五行志於眚沴怪異並以惡徵爲祥以祥原有異也舊志於祥異闕如且誤以昴畢分野今既遵一統志畿輔通志改入虛危爰稽史册自天文地理以至水旱凶荒皆采其與分星疆域有合者志祥異

漢

高帝三年十一月癸卯晦日有食之在虛三度齊地也

惠帝七年正月辛丑朔日有食之在危十三度

文帝後二年十一月戊戌土水合于危　占曰不可舉事用兵危齊也

景帝中三年十一月庚午夕金火合於虛　占曰爲鑠爲喪虛齊也

武帝建元六年八月有星孛於東方長竟天

元帝初元元年四月客星大如瓜色青白　占曰爲水飢五月勃海水大溢

永光元年三月杪隕霜殺桑傷麥秋隕霜害稼諸路

皆饑

成帝元延元年四月無雲而雷有流星東行四面如雨

東漢

光武帝建武二年正月甲子朔日有蝕之在危八度

占曰虚危齊也又甲亦主齊後賊張步擁兵據齊是

其應也

和帝永元六年三月濟北河間饑饉民多流亡

殤帝延平元年九月六州大水　袁山松曰六州河濟

渭洛洧水盛長泛溢傷稼

安帝永初五年正月庚辰朔日有蝕之在虚八度夏蝗

十一月甲午容星見西方已亥在虛危

元初六年四月勃海大風拔樹二萬餘株

桓帝延熹八年四月濟北平原河水清

按斯時縣境及

鬲般皆屬平原

永康元年八月河濟大水勃海溢沒殺人

靈帝熹平元年夏霖雨七十餘日共誣勃海王悝謀反

十月誅悝

熹平五年天下大旱見蔡邕伯夷叔齊碑

光和六年冬大寒北海濱棣井中皆冰

獻帝興平元年夏大蝗

建安十六年夏四月丁巳饒安縣言白雉見

按此時縣境東北界屬饒安

建安二十二年大疫

晋

武帝咸甯三年八月平原郡霜害三豆河間屬暴風寒

冰

五年二月甲午白麟見平原鬲縣

甯津東南與德平接壤即鬲縣地

太康六年三月河濟諸屬隕霜壞桑麥

惠帝元康四年五月甘露降樂陵郡

今甯津與樂陵為鄰彼時則為所屬

泰安元年史或稱永甯二年十一月熒惑太白鬭於虛危

按晉書本紀是年十二月河間王顒表齊王冏有無君之心請廢此金火二緯所以鬭於齊也

愍帝建興二年正月辛未三日並出於西方而東行

按晉志引陳卓曰日為君象三日相承天下其三分乎至丁丑三月而江東改元劉聰李雄亦跨曹劉疆宇此亦何關於一縣然是年石勒陷薊州青冀復取青州從此河北郡縣與晉隔絕故特記之

元帝永昌二年即明帝太甯元年三月饒安東光安陵三縣火燒七千餘家死者萬五千人

按此時縣境東北分屬饒安西面胡蘇亭屬東光

成帝咸和五年無麥禾人饑五行志曰天下大饑

孝武帝太元十三年十一月戊子辰星入月在危

北魏

太祖皇始二年十月壬辰日暈有珮玦　占曰兵起既而烏丸張超收合亡命而據於南皮

天興四年二月甲寅有大流星衆多西行歷牛虛危絶漢津

太宗明元帝泰常二年勃海大水

泰常七年二月辛巳有星孛于虛危向河津

太武帝始光二年三月丙子月犯熒惑在虛

神䴥元年二月樂陵見白麙鹿因以改元

此時新樂縣正屬樂陵

宣武帝永平三年閏月乙酉月在危蝕

孝明帝熙平二年九月瀛洲暴風大雨自辛酉至乙丑

冀瀛滄三州大水冬饑

正光二年四月甲辰火土相犯于危十一月辛亥金

土又相犯于危

節閔帝普泰元年五月辛未太白出西方與月並問容

一指戰祥也　占曰兵喪並起覇君興焉是時勃海

王高歡欲移郡治東光而改胡蘇爲縣也

孝靜帝元象元年定冀瀛滄四州大水

隋

文帝開皇八年秋河北諸州饑遣吏部尚書蘇威振恤

二十年四月乙亥天有聲如瀉水自南而北

仁壽二年秋河北諸州大水遣工部尚書楊達振恤

唐

太宗貞觀四年秋觀州蝗

此時胡蘇縣正屬觀州

八年八月甲子有星孛于虛危歷元枵乙亥滅

九年正月乙卯朔日有食之在虛九度

高宗永徽五年河北瀛滄洺棣諸州大水

顯慶五年河北二十二州大旱

中宗神龍二年冬無雨以至明年夏山東河北大旱草木枯焦道殣相望

景龍二年正月己卯滄州大雨雹中人有死者此時胡蘇縣已改屬滄州

元宗開元十五年春河北牛大疫

德宗貞元元年河北大饑斗米千錢

文宗開成元年正月辛丑朔日有食之在虛三度

二年八月丁酉有彗星于虛危

三年滄齊按唐五代齊州即今濟南府治等州螟蝗害稼

憲宗元和十五年滄景等州大雨自六月癸酉至於丁亥廬舍圮沒殆盡縣境介滄南齊北之間

昭宗乾甯三年十月有客星三在虛危間相隨東行狀如鬬　占曰兵象也明年劉守文陷滄州越年朱全忠陷景州是其徵也

五代

唐莊宗同光三年六月己巳太白晝見庚寅衆星流白二更至三更盡而止

潞王清泰元年十一月丁未彗出虛危掃天壘及哭星

宋

太祖建隆三年河北大旱苗皆焦仆

太宗淳化元年七月滄州蝗蝝食苗棣州（即無棣今慶雲縣及武定海豐皆是）飛蝗並起害稼

眞宗咸平五年瀛莫深滄諸州水壞民田

景德元年自春至夏瀛冀滄棣之間屢次地震

祥符四年五年河北連歲旱飢

天禧四年四月乙酉西南方兩月重見

仁宗景祐三年六月河北久旱遣使詣北嶽祈雨

皇祐二年八月大雨連日壞屋

嘉祐二年六月河北大水潦敗民田是歲諸路江河
決溢而河北尤甚徧野鴻嗷
六年七月河北霖雨為災
神宗熙甯元年自秋至冬河北地數震滄冀瀛莫四州
尤劇壞官民廬舍不少
熙甯七年自春至夏無雨河北路皆蝗民多餓殍
徽宗崇甯二年諸路蝗令有司酺祭勿捕及至官舍之
馨香來薦而田間之苗葉已無矣
三年四年連歲大蝗其飛蔽日山東河北野無青
草

政和七年瀛滄河決滄州城不沒者三版而縣境亦宛在中央矣

欽宗靖康二年正月己亥天氣昏曀狂風竟日入夜西北陰雲中如有火光長二丈餘民皆見之

金

自靖康二年正月欽宗詔兩河民降金民不從竟自南渡而棄河北矣故金於天會六年因臨津城圮而改名甯津歷元明至今不易也是當時自南渡後河北政事與宋斬然斷絕不能不從實紀載繫于金元

太宗天會十一年七月戊辰月食於危

世宗大定三年十二月壬午白氣出危宿歷室壁奎婁

胃昴止

五年十一月丙寅白氣出女宿歷虚危入昴止

十六年河北山東旱蝗

章宗明昌元年夏旱七月淫雨傷稼

四年五月霖雨六月河決清滄皆被害

承安五年五月庚辰地震

泰和四年河北大饑觀滄等州斗米銀十餘兩殍殣

相屬見金史侯摯傳

宣宗元光元年夏旱

元

定宗三年十二月丁巳虹見

按此時金亡已十六年元尚未建有年號而南宋則理宗淳祐十年也

世祖中統三年八月河間路隕霜害稼

至元元年河間濟南相連大水

二十一年河間濱棣大水

二十七年夏蝗秋滄州樂陵甯津旱免田租

成宗大德二年二月辛酉歲星熒惑太白聚於危

六年四月河間屬縣蝗

七年五月濟南河間等路水

十一年七月德州蝗延及縣境

武宗至大三年四月甯津平原齊河等七縣蝗

仁宗延祐三年河間濟南濱棣等處饑給糧兩月

七年五六月大雨壞田傷稼

英宗至治二年二月河間路饑禁釀酒

泰定帝泰定元年六月景清滄莫等州旱

三年河間屬縣飢並賑之

明宗天歷二年三月滄州南皮甯津鹽山桑葉爲蟲食

盡蠶不成秋有年

文宗至順元年六月河間獻景諸路蝗

二年夏河間屬縣皆以旱不能種告饑

順帝至元三年五月丁卯彗星見至六月長三尺餘入圜衞掃華蓋乙酉犯天皇貫四輔丁酉出紫微經貫索七月庚子埽河間入天市至辛酉在罰星斂芒凡六十三日自昴至房十五宿而後滅

至正元年河間濟南諸屬饑

十九年五月大蝗山東河南直隸京師飛蔽天日所落阬塹盡平人馬難行民大飢都城銀一錠易米八斗

二十二年二月乙酉彗星見在危七度

二十六年九月甲辰孛星出在虛初度八十分

明

太祖洪武七年六月自保定河間以至山東飛蝗如雨

二十一年八月壬戌至甲子天鼓鳴晝夜不止

二十八年八月德州大水壞城縣境被淹

惠帝建文元年七月癸酉燕王起兵風雲陡暗咫尺不辨少焉東方露青天尺許有光燭地

成祖永樂五年河間各屬饑

十年十一月吳橋東光同時隄決縣境被水

十四年七月畿内河南山東三省蝗

二十二年四月畿南以至山東州縣霪雨傷麥禾

甚眾

宣宗宣德五年六月蝗己卯御製捕蝗詩宣示畿甸

九年七月蝗詔遣官督捕

英宗正統六年夏河間各屬蝗凡被災州縣蠲其租稅

十三十四連年蝗旱

景帝景泰元年畿輔山東河南皆旱

四年冬十一月戊辰至明年正月直隸山東皆大

雪數尺人畜多凍死

天順元年二年直隸山東山西河南皆無雪

三年四月順天河間以及濟南皆烈風彌旬麥苗

盡萎

八年二月丙午塡星歲星太白聚于危

憲宗成化六年旱飢遣使振恤

十五年直隸山東山西河南皆無雪

孝宗宏治二年秋潦潦爲災詔免稅糧給貧民麥種

武宗正德六年十一月戊午京師及畿南地震

十四年二月丁丑畿輔地自北而南皆震

世宗嘉靖三年正月丙寅朔畿輔河南山東同時地震

六月旱保定河間屬縣蝗

五年保定河間各屬大饑

三十二年正月戊寅朔日食春夏旱大饑

三十九年畿輔大旱賑恤免被災稅糧

神宗萬歷五年六月庚辰夜半五色祥雲繞月

十三年自去年八月不雨至於二月乃於庚午大雩三月甲申又大雩四月丙午復大雩戊申以旱詔中外蠲被災田租

二十七年夏螟蟘害稼十一月癸酉振畿輔饑

二十九年四月連日風霾甚至晝晦傷麥

四十六年三月庚午薄暮雨土乍如霧霰着衣方知入夜不止

熹宗天啟六年六月丙子南自濟南北至天津衛同時

地震撼屋摧垣頽形顛踣

十二年畿南州縣以及山東皆旱

莊烈帝崇禎元年畿輔大旱赤地千里

十二年六月畿內山東山西河南旱蝗

十三年畿南大饑草根樹皮罕有存者

十四年正月壬寅黃埃漲天畿南山東洊饑德州

及縣境皆斗米千錢白晝劫奪

十六年六七月瘟疫流行自京都而南下

十七年正月元旦庚寅大風霾日光慘白

國朝

順治七年三月己未日光赤色如血

十年旱

十一年大雪封戶人多凍死

十七年亢旱疫癘

康熙三年四月隕霜殺麥十月初旬彗星見於翼至十

二月壬戌乃在奎凡歷十三宿五十餘日

四年春夏旱

六年桃李冬華

七年六月十七日地震

十八年蝗旱七月二十八日巳時地震

三十年旱蝗

四十二年大水陸地行舟

五十九年六月初八日地震大旱

六十一年秋大旱蝻

雍正三年春旱六月大雨平地成河

四年夏麥熟未收遂澇秋難耕種

八年旱八月十九日地震

九年四月望後日月色赤凡七晝夜

十年八月十五日隕霜

十一年六月二十四日大雨水平地舟行百餘里

乾隆二年歉雨免賦

六年蝗

八年大旱炎風如焚人多暍死九月己亥孛星見

十四年八月桃李華

二十八年五月朔未時日食羣星晝見

二十九年夏旱秋禾未成

三十八年大旱

三十九年連旱禾盡槁饑饉荐臻

四十年旱大有秋

四十一年有秋

五十六年旱蝗民多飢

五十七年秋禾未成人多餓死

五十八年五月始雨秋蟲未爲災

嘉慶元年大有年粒米狼戾

二年瘟疫

四年十月二十八九夜間衆星交流如織

六年自六月初旬大雨連綿房多倒塌

九年有秋

十五年水災賑

十八年旱災賑

二十年七月朔亥時地震明日又震

二十五年七月二十五日天鼓鳴

道光元年二月朔日月合璧五星聯珠七月大疫

二年有麥七月大水賑　詔通州大興甯津吳橋等共四十八州縣並緩征其坍塌房屋地方酌給修費

四年以水災旱糶倉穀

八年七月地震

十二年大旱七月初一日隕霜傷稼

二十四年九月二十七日午後天鼓鳴

二十六年七月西方有白氣見長竟天

咸豐三年四月初四日午刻日旁黑氣四圍摩盪形成

圓暈煙翳溟濛

四年秋狂風傷稼

五年凡經賊竄十七州縣如河間獻縣甯津吳橋

東光南皮等處皆蠲緩應徵額賦並賑災民

七年春夏雨澤應時蝻孳萌生

十年六月十九日大雨傷稼

十一年秋八月丁巳朔日月合璧五星聯珠惟金星相

離較遠

同治元年大雨水六七月間大疫中元夜流星散見

二年五月初九日狂風拔木

四年五六月星晝見

九年無麥七月酷熱人多暍死

十一年正月二十三日虹氣貫日五月朔日食麥大熟

光緒二年八月蝗傷稼初十日隕霜蝗盡凍死稼復蘇熟

三年旱無年糧米昂貴疫癘流行

四年春大饑斗米千錢免徵施賑秋大熟

八年元旦日交暈冠珥十月二十二日地震屋撼有聲二十五日復震

十年正月二十六夜地震十二月二十五日復震

十一年七月有蝗南飛蔽日未集縣境十月二十日申刻西北雷聲二十二夜流星如織

十四年五月初四日申初地震戌刻又震

十七年夏飛蝗蔽日捕逐不爲災後蝝子生損傷禾稼

二十年九月二十二日邑西北雨雹

二十一年夏邑北界疫癘大作有舉家盡歿者

二十二年七月大雨數日牆垣浸塌貧民多無居處

二十四年五月旱至六月望得霖雨秋大熟

二十五年五月連雨雹秋旱不能樹麥穀價騰踊

十一月甲子冬至雨木冰冬祁寒

【咸豐】慶雲縣志

（清）戴絅孫、崔光笏纂修

清咸豐四年（1854）刻本

災異

北齊河淸二年滄州及長城嶺下生毛或白或黑長四
五寸
唐元和八年水潦浸無棣等四縣開成元年蝗食草木
葉皆盡五年蝗螟害稼
後周顯德元年河決東北破伯禹古堤浸注齊棣間
宋太平興國二年七月縣被水免田租乾興元年海潮
溢壞公私廬舍溺死者甚衆
元至元二年大水免田租二十八年霪雨害稼至大元
年饑詔有司贖饑民所鬻子女三年蝗大饑有父子相

食者至治二年大雨五十餘日

明洪武二十四年陷河水溢害稼成化七年黑眚爲厲民間閉門戶喧鉦鼓夜不敢寢有物恍惚隱黑霧中近人多被爪傷秋大雨乃息十七年春饑遣官賑貸夏不雨麥盡枯秋霖潦傷稼免夏稅十之七秋糧十之五嘉靖四十年連歲大旱詔以銀五千兩賑貸四十三年蝗民饑流移者十之三隆慶元年正月元日夜大風雷震十五日雷再震二年正月縣多火災五年秋雨傷稼知府丁誠發粟二百石賑之萬歷四十三年大旱人相食

羣聚爲盜天啓二年海溢崇禎十二年被兵十三年大旱十四年大饑人相食五月雨雹傷麥人多疫死十五年被兵十六年六月城上刀鎗有火光十七年三月十九日逆賊李自成陷京師二十八日僞知縣馮任至將謁廟學是日無風大成殿前老槐折一枝其大一圍長丈餘

國朝順治五年正月土寇破城知縣張必科死之七年秋河決荆隆口陸地行舟十年秋黃河決縣大水蠲稅糧之半十五年饑賑康熙三年四月末隕霜至八月不

雨蠲稅十之二六年六月十七日戌時地大震是年水
蠲稅十之二九年旱十一年旱蝗俱災稅十之二十二
年三月十二日夜異風樹葉枯十八年七月地大震二
十二年地震三十年三月十六日地震四十一年饑賑
粥四十二年霪雨三旬不止河水溢四十三年大饑免
地丁銀米賑粥四十九年蝗六十年四月七日忽大熱
棗樹自焚者數百株尋大風六十一年五月五日晝大
風雨雹拔樹發屋城隍廟傾圮雍正三年水蠲賑五年
修護城堤城下地中有風聲三晝夜乃止八年八月十

九日地大震九年水蠲賑乾隆八年九年大旱前後蒙
恩賑米三十萬石發帑金一萬三千九百兩爲民穿
井種樹給牛種減額賦三分永著爲令二十七年水饑
三十三年蝗大水三十六年二月大風夜有火光七月
十五日地震三十七年八月十七日大雨夜有異風拔
樹無算三十九年旱饑蠲賑四十一年蝗八月大雨雹
四十二年蝗五十四年八月大雨鳥雀死者如積五十
五年水蠲賑五十七年大旱蠲賑嘉慶十年閏六月六
日大風拔木十五年五月八日大風雹拔樹無算十六

年三月大風晝晦秉燭道光十二年海溢潮水至嚴家
務咸豐三年秋九月粤賊攻陷滄州靜海縣中震驚紛
紛遷徙

【民國】慶雲縣志

鄭希僑修　劉鴻逵纂

民國二十年(1931)石印本

慶雲縣志卷之

風土志第

災異

民國九年大饑山東海陽霑及慶邑之人多至海濱採取黃家菜子以餬口九月二十三日夜海潮大溢死者千餘口是年秋收僅十分之五各處票匪四起擄掠男女名曰挷票必須破家贖回不然命喪

十年復大饑收處十分禾半不收處寸草皆無幸

有本省義賑上海義賑鎮守使滕溪馬公義賑更設有平糶局數月且賴東省豐收販粮到慶者極廣又往山東乞食者甚多不然盡餓死矣更加票匪彌甚吾民困苦極矣七月間霪雨三旬禾稼受傷柴米非常昂貴

十一年二月二十六申時忽起黄風自北而南太陽隱隱無光戌時方止三月間津郡變起群匪徧地人死無算閤邑分區分團練鄉勇以禦賊設游擊隊於城裡

十二年降匪楊占福等正法去歲春賊匪百出縣長趙公詳請着降匪楊占福充游擊隊營長帶隊百餘名本地籌款每畝出銅元三枚奈匪性不改仍夜出擾害四鄉至本年二月清明節二十三師陳營長聯防游擊隊何隊長出以密計勦殺楊占福及餘匪二十餘名逃者不過十餘人耳商務會犒賞米麵柴草等共花京錢壹萬一千一百四十餘吊西區招待軍隊共花京錢壹千三百三十八吊餘北區招待軍隊共花京錢叁百二十吊統計

總花壹萬貳千捌百有零經衆公議按地均攤每畝攤錢三十文十三年間邑分立五區又各立民團團勇以團長率之團勇之費每畝京錢三百文以為長年經費票匪仍忽來忽去忽聚忽散七八月間禾起賊彌熾區長團勇極力護持盜賊漸息民仍惴惴然不得安居

十四年二月間奉軍入直直奉交戰官軍人民死傷數萬兵費車捐每畝京錢三百餘文又奉軍獲勝後入各邑劃區長團長更換奉人以為五團隊

長辛縣長君英鄭公政治有策賊寇漸潛民得稍安

自前清同治十三年縣長桐青王公任内由道署領賑米數千石達與世賢王君立善王君施放城鎮四鄉後光緒六年縣長崇雅丁公任内領道署賑銀數千兩九年仍崇雅丁公任内領道署賑銀數千兩十年縣長國棟吳公任内領道署賑銀數千兩於世賢王公立善王公外添助蔭翁王公憲章度公笈莪解公等與達施放城鎮四鄉民國九

年旱災特甚洮昌設立粥廠龍潭馬君請分撥租粮數千石展轉運慶以作平糶資本事後約墊大洋數千元其間櫂奎蔣君協同祖培馮君奔走呼籲於當道募及上海中外賑會諸鉅公士紳允撥洋十數萬元並募哈埠賑糧數千石自滄運慶施放其截留在滄施放者千餘石逵孫中區區官叔鎬與有力焉領賑至慶警務學校畢業樹林楊君亦佐辦賑務不取津貼專以慈愛同胞為宗旨天主教衆司鐸及衆文牘各佐辦賑務如下

竊以白叟黃童凶年免溝壑之轉義漿仁粟宗教開任邮之風實惠均被於閭閻善名永垂於宇宙作公賑記懷德斐總司鐸宣化人懇求賑濟於華北華洋義賑會詳其所放賑品紅粮數萬石黃豆數百石花參餅數萬觔綿單衣數千件麻袋數千條外墊自積薪金數千元又由家中梢滙五百元沽售字畫款六百元并囊中所餘倒傾而出購米十餘萬觔廣施羣庶

德明徐司鐸宣化蔚縣人助放賑糧數萬餘石毫

釐不私紳商公送大公私無偏額

近思王司鐸宣化人賑鄉貧民施洋數百元闔邑良張莊同祿祠烈施該莊大洋數十元施馬劉二村面請縣長楊施洋五百餘元又自墊數百元復祈主教文翁轉請省長領發卹金以哀遇害之劉潤章

樹培楊文牘助放災民賑款不支薪金爲河南數百村無不感佩省長勵以三等銀色獎章又施種牛痘不取分文懷清楊文牘與其堂伯因浦同宗

玉成助放賑務凡糧件出入錢洋交付一文不私
甘盡義務省長獎以三等銀色獎章從此有報有
施庚子之嫌隙胥融無華無洋教類之區分悉化
畛域不分中外人和漸幾大同不難民盡同胞天
下一家矣

廣寧縣志

（清）李熙齡修　（清）鄒恆纂

【咸豐】武定府志

清咸豐九年（1859）刻本

武定府志卷之十四

祥異志

人事感於下天道應乎上君子讀洪範庶徵之篇而知氣化盛衰休咎惟所召也周禮保章氏職災祥而因以詔救政訪序事焉蓋陰陽愆伏固爲得失之徵而恐懼修省亦有轉移之會雖曰天道豈非人事哉謹依史傳所列與故老所傳凡星隕地震及盜賊水火詳載於篇用備柱下之採以上副聖天子省歲格天之學云志祥異

府屬

漢

武帝建元三年春河溢平原郡大饑

宣帝本始元年鳳凰集於千乘　地節中渤海盜起以龔遂爲太守治之

光武建武三年春河水溢平原大饑人相食　五年春大司馬吳漢率耿弇擊富平賊徐少於平原大破之　九年平原河水清

安帝永初四年渤海平原劇賊劉文淵周文光等攻厭次殺縣令青州刺史法雄破之　元初二年十一月甲午客星見西方己亥在虛危　六年四年

渤海大風拔木

桓帝永興二年厭次河水淸　延熹八年渤海盜蓋延作亂未幾伏誅　九年夏四月平原河水淸

永康元年渤海郡海水溢

靈帝光和三年歲星熒惑太白三合於虛相去各五六寸如連珠

獻帝初平二年冬黃巾賊張角寇渤海公孫瓚追擊大破之

晉

武帝咸甯二年八月平原厭次隕霜害稼　太康四

年十一月白兎見富平

惠帝永平元年四月彗見齊分　永康四年五月甘露降樂陵國　永興元年七月歳星守危虛　十一月熒惑太白鬬於虛危

懐帝永嘉元年五月馬牧帥汲桑聚衆反殺前幽州刺史石尠於樂陵入掠平原冬十二月并州人田蘭等殺桑於樂陵平之　九月有大星如日自西南流至東北小者如斗相隨天盡赤聲如雷

元帝太興元年十一月乙卯日夜出高三丈中有赤青珥　四年枉矢出虛危

愍帝建興四年石勒襲邵續於樂陵續諸眾逆戰大敗勒兵　石勒遣石季龍擊段文鴦於樂陵破之生擒文鴦段匹磾遂率其屬降於勒

孝武帝泰元十二年十二月辰星入月在危　義熙二年十二月月掩太白在危　五年十二月太白犯虛危

南北朝

宋孝武帝永初三年二月有星孛於虛危　十月有星孛於虛危向河津掃河鼓　大明五年平原郡河水清　六年八月樂陵郡獻嘉禾　十一月十

五日太白填星合於危

順帝昇明三年四月歲星在虛危徘徊元枵之野

魏太武始光五年二月白麚見於樂陵因改是年爲

神麚元年　三年六月流星出危南入羽林

嗬

文帝開皇十四年十一月有彗星孛於虛危齊魯之

分　十九年十二月星隕於渤海　二十年十

月地震

煬帝大業七年山東河決　八年山東旱疫人多死

十九年冬十月渤海賊格謙自號燕王孫宣雅

自號齊王擁衆十餘萬山東苦之格謙厭次人十年爲王世充所滅餘黨陽信人高開道匿海曲復據衆稱燕王　十三年竇建德據渤海之地自稱長樂王國號夏

唐

高祖武德四年棣州民殺其刺史叛歸於劉黑闥後爲所署車騎諸葛德威執斬之秋七月百姓給復一年

太宗貞觀元年夏山東旱詔賑卹蠲免租賦　七年秋山東四十餘州大水遣使賑之　八年七月山

東大水　八月甲子有星孛於虛危歷元枵

中宗長壽二年五月棣州河溢壞民居二千餘家

景龍元年山東疫　十月丙寅太白熒惑合於虛危

元宗開元十年棣州河決　二十五年棣州河溢舊志作河清　天寶十五年五月熒惑鎮星同在虛危中天芒角

代宗大歷八年閏十一月壬寅太白辰星合於危

德宗興元二年夏六月濱棣蝗大饑　三年閏五月戊寅枉矢墜於虛危　建中三年淄青節度使李

[illegible]　州　是月朱滔反陷棣州

憲宗元和八年六月癸巳大風拔木　十一年十一月戊子鎭星熒惑合於虛危　十二年十二月鎭星太白辰星聚於危　十三年承德軍節度使王承宗獻棣州

文宗太和二年河水溢壞棣州城　九年六月庚寅月掩歲星在危而暈　十月庚辰月復掩歲星在危　開成二年二月彗出於危指南斗　八月彗星見於虛危

僖宗乾符四年七月流星如盂自虛危入天市至羽

林而滅　廣明元年棣州人洪霸作亂平盧節度使安師儒遣牙將王敬武擊破之

昭宗龍紀元年平盧節度使王敬武卒其子師範自稱留後攻陷棣州刺史張蟾死之　乾甯三年十月有客星三一大二小在虛危間乍合乍離相隨東行狀如鬬經三日二小者先滅其大者後没　天復元年鎮星守虛經年始去　三年朱全忠陷棣州殺刺史邵播

五代

梁乾化中棣州河水爲患刺史華温琪徙新州避之

後唐清泰二年九月己丑彗出虛危經天壘哭星

宋

太祖建隆元年十月棣州河決壞厭次商河二縣居民廬舍　三年二月棣州隕霜殺桑民不蠶　乾德五年夏六月有火自空墜於棣州北門城樓有物抱東柱龍形金色足三尺許氣甚腥旦視之壁上有烟痕爪跡三十六處　開寶六年春棣州兵馬殿直傅延翰謀反伏誅　七年春棣州有火墮於城北有物如龍　九年棣州盜發殿直都虞候王榮討平之

太宗端拱二年十一月壬辰歲星熒惑合於危　淳化元年七月棣州蝗　二年十一月壬辰鎮星熒惑合於危　至道元年七月癸丑有星出危大如杯入羽林没

真宗咸平三年秋七月嘉禾合穗　景德元年商河蟲害稼　二年八月棣州蝗　九月商河大蝗

大中祥符五年正月河決棣州聶家口詔免棣州田租　十月濱州河溢于安平鎮　八年河浸棣州詔徙州陽信界　乾興元年無棣海潮溢壞公私廬舍溺死者甚衆　五月壬辰星出危大如杯

赤黄色有尾速行而東進如迸火隨至羽林軍南
没
仁宗明道元年八月星出營室西南速行至危没
景祐元年九月星出天津如太白青色有尾没於
危　慶歷元年八月黑氣起西南長七尺貫危宿
羽林入濁至天津良久散　五年流星過虚危間
有尾跡明燭地　皇祐元年丁卯彗出虚晨見東
方西南指歷紫微至婁　至和二年六塔河決棣
濱諸州民多溺死
神宗熙寧二年七月星出危南西南急行至壘壁陣

沒　九年七月濱州嘉禾異畝同穎　元豐二年

八月棣州大水詔被水民以常豐糧貸之蠲其租

賦

高宗建炎二年濱州賊蓋進陷棣州守臣姜剛之死

之　紹興十六年十二月彗出西南危宿

孝宗隆興元年十二月壬午夜白氣見西南方出危

入昴　淳熙三年商河蝗　六年十一月熒惑與

歲星合於危

光宗紹熙五年十一月塡星與熒惑合於危

理宗紹定元年熒惑與塡星合於危　端平十年十

二月塡星與歲星合於危

金

世宗大定二年六月棣濵二州大熟　十六年山東旱蝗

章宗明昌三年山東大饑棣州尤甚詔德州防禦使王擴賑貸饑民　十一月金木二星見在日前十三日方伏而順行危宿在羽林軍上壁壘陣下光芒燭天　四年山東大稔

宣宗貞祐三年十二月太白晝見於危八十有五日乃伏　定興二年秋棣州禆將張聚殺防禦使斜

卯重興據棣州以叛遂襲濱州轉運使田琢遣棣州提控紇石烈醜漢會兵討之　三年秋元帥張林奉棣州諸郡版籍歸於宋未幾元將木華黎攻下棣州諸郡復降於元

元

世祖中統元年棣州饑詔發常平倉賑之　三年李璮反濱棣安撫使韓世安率兵大破之　夏五月濱棣二州大旱焦禾稼　四年秋八月濱棣二州蝗　二十七年夏五月棣州大風雨雹傷禾稼桑棗　至元五年濟南郡縣大水詔以米十二萬八

千九百石賑之　元年濱棣大水　十五年四月
無棣縣獲白雉以獻　二十年夏五月棣州隕霜
殺麥　二十五年蒲臺饑　二十六年夏六月
州霖雨害稼　二十七年五月棣州厭次大屋
雹害稼　二十九年五月無棣桑蟲食葉蠶事一空
成　棣州大旱敕發附近官廩計口以給　三十
一年七月棣州陽信縣雨雹大風拔木發屋　二六
月濟南郡蝗
成宗大德元年蒲臺大饑　二年二月歲星熒惑太
白聚於危　四月山東蝗　五年濱棣二州饑

六月棣州大水無棣霪雨害稼　十月辛卯夜有星大如杯光燭地自北起近東分爲二星没於危宿　六年濟南郡大水

武宗至大元年棣州無棣大饑詔有司贖饑民所鬻子女　夏四月厭次大風雨雹　二年秋七月厭次霪雨害稼　三年七月無棣蝗

仁宗皇慶元年濱棣蒲臺陽信旱　二年棣州霪雨害稼　延佑七年六月棣州大水

英宗至治二年五月無棣霪雨五旬害稼民饑　三年五月厭次無棣霪雨害稼詔賑糧蠲民半租

泰定帝泰定元年濱州饑　八月霑化利津霖雨害稼　三年正月棣州大水饑詔賑貧死者給鈔以瘞

順帝至正六年春二月山東地震七日　七年三月山東地震有聲如雷天雨白毛　十年春正月棣州隕石初空中有聲自西來距州二十里外隕於地為石其色黑微有金星散布其上有司以進遂藏之司天監　十二年二月彗星見於危宿　三月夜不見星惟有白氣凡三十四日始滅　四月朔長星見虛危間其形如練長十餘丈四十餘日

乃滅　六月白氣起危宿掃太微垣　十六年山
東大水　十七年山東大饑人相食　義兵俞寶
殺其知樞密事寶童降於毛貴　十九年納麟由
海道趨直沽俞寶率戰艦斷糧道納麟命其子
安破於海口　二十年山東地震雨白毛　二十
一年八月棣州夜半有赤氣亘天起東北至於西
北察罕帖木兒率兵討棣州俞寶敗降　二十二
年夜有白氣如孛起危宿長數百丈掃太微　二
月彗見於危宿光芒長丈餘色青白　四月長星
見在虛危之間四十日乃隱　二十三年山東無

麥赤地千里　二十六年八月大清河決濱棣居
民漂溺幾盡　二十七年五月山東地震　二十
八年二月明大將徐達遣華雲龍攻棣州郎中張
仲毅以城降雲龍守之

明

太祖洪武元年蠲免山東新附州縣夏秋稅糧　二
年山東旱詔蠲免稅糧　三年再免山東租　五
年山東饑詔發粟賑之　六年八月河水暴漲自
齊河潰至商河棣州境南洪波七十餘里　十年
大稔斗米七錢　十三年陽信紅軍爲祟城邑空

盧遷直隸及青登萊三府民以實之　十五年棣州城西南隅井中龍見　二月詔免山東稅糧　十八年七月山東旱詔蠲秋糧　蒲臺大水　二十八年蠲免秋糧

成祖永樂元年命寶源局鑄農器給山東被兵之民　七月山東郡縣野蠶成繭　十八年蒲臺妖婦唐賽兒煽亂隣境被其刼掠都指揮衛青等討平之

仁宗洪熙元年免山東田租之半

宣宗宣德元年漢王高煦據州謀大逆帝親討平之

景帝景泰三年蒲臺大饑　七年青城大水　武定州饑人相食

英宗天順四年濱州麥秀雙岐　八年甘露降於青城學宮

憲宗成化六年陽信縣隕石　七年武定龍戰於野大饑　八年商河大饑人相食　九年三月風霾晝晦青城蒲臺大饑民茹草木　十年大稔斗米七錢　十五年甘露降青城學宮

孝宗弘治五年陽信饑　七年陽信大熟　十七年武定海豐自正月至九月不雨　八月海豐雨雹

人畜死傷甚衆
武宗正德元年流賊劉六齊彥明等屠掠城邑陽信
等縣俱被殘刼武定以知州崔璽固守得全　二
年武定境内雨冰樹木枝膚皆裂　十二月二十
六日海豐大雪至次年元日始霽凍死者衆　六
年參將王杲大敗流賊於霑化　夏四月武定東
郊外有蔣如人知州崔璽登城射之　七年　霑武
設兵備道按察司僉事領之流賊犯境僉事許達
邀擊斬首數百級餘寇潛逝　武定飛蝗蔽天
六月濟南黑眚見至冬乃息有物隱黑霧中近人

多被爪傷老幼皆擊銅鼓以自衛通夕不寐諸州
邑皆然　十一年武定海豐大水蝦蟇鳴樹上
十四年春武定海豐商河大疫死者枕籍　民
間訛言禁畜豬一時屠宰殆盡幾絶　十六年春
武定大水
世宗嘉靖二年正月海豐地震　九月武定大雨雹
三年三月武定大風揚沙害麥　樂陵蝗蝻起
野　四年七月利津蝗　五年七月武定淫雨大
水害稼　七年五月海豐旱　八年蒲臺蝗　九
年彗星見次於畢危經月而滅　十年濟南諸郡

邑蝗　十二年十月丙子夜半至曉星隕如雨　十三年正月武定雨雪葯麥　夏商河諸邑雨雹大者如升斗小者亦過雞卵武定大水　十四年夏五月武定諸州烈風雨雹　秋蝗生民饑　十五年六月利津濱州蝗　十八年武定大水入城北門　二十年春武定大荒　六月蒲臺蝗　二十一年青城氷雹害禾稼　二十二年五月海豐明倫堂產紫芝　蒲臺入雨雹　二十五年海豐旱蝗　二十六年春霑縣妖僧惠金爲亂武定僉事王疇率民兵一千人會戰平之　五月二十

五日星隕如雨天鼓鳴　六月武定旱蒲臺雨雹
秋濱州大水恒雨中龍見　二十七年正月武
定民間傳言與井出在州東南六十里外村民掘
地得斬鏤元至正間甆可療諸症遠近競至逾月
乃罷　七月濱州大雨雹積日不化　二十八年
八月濱州地震蒲臺大旱　二十九年樂陵大旱
三十年九月辛亥夜武定大雪次日午時始止
隨降隨消尚積五寸許　三十一年五月武定大
雨雹七月大水　濱州利津大稔麥兩岐穀雙穗
三十二年濱州土寇作亂　五月大淸河溢壞

利津城郭居民武定大饑無麥無禾　三十三年武定饑僉事曹天憲出粟賑之　七月利津大清河溢傷禾稼　三十四年武定大稔　倭寇犯蘇松武定等衛千戶崔彥章赴援死之百戶趙武舉生劉鈏劉秉端同遇害　七月海豐蝗傷害稼十二月二十九日卯初日生四珥俱紅赤色在北者光芒奪目　三十五年武定有年　青城賊師暘思仁聚衆刼掠綽號賽禾江武定僉事張謐殲殺有功命加俸旌之　夏青城冰雹傷麥　六月二十四日南方倏出一星光可丈餘夜分墜星三十

餘南奔光耀燭地　秋青城大蝗　三十六年七月青城蒲臺霑化大水海豐海潮南溢八十餘里壞廬舍禾稼　三十七年二月海豐海潮南溢六十里大饑　八月青城賓州利津大風雨偃禾拔木　霑化大水　三十九年商河海豐大饑　蒲臺旱蝗　四十年春霑化地震　蒲臺旱無麥海豐再饑　商河有年　四十一年蒲臺大旱

四十三年四月初四日夜有星孛於西北其光燭地俄聞天鼓鳴　四十四年十二月蒲臺雷電地震

穆宗隆慶元年正月蒲臺雷震　二年三月二十八日商河蒲臺海豐同日地震　三年七月蒲臺大水　四年蒲臺正月至六月不雨麥苗盡枯　六月大清河溢壞濱州蒲臺田廬　利津霪雨河水溢城不沒者數版　五年蒲臺旱蝗生　利津民某一產三子

神宗萬歷元年蒲臺大旱正月至七月始雨　五月青城蒲臺黑風晝晦　九月蒲臺雪行旅有凍死者　二年蒲臺旱　三年青城麥大熟有四岐者　四年五月青城蒲臺大風雨飄瓦拔木天地晦

嗔　五年蒲臺旱疫　七年青城學宫產靈芝
蒲臺大旱　九年彗星見於西北　濱州旱　十
年濱州蒲臺大疫　十一年春濱州旱　八月霑
州蝗復大水及雹　十二年二月濱州青城蒲臺
地震　三月青城大霜無麥　霑化大疫　十四
年商河樂陵旱　十五年樂陵地震起西北至東
南聲如雷　商河蒲臺大旱海豐青城饑民食樹
皮殆盡　十六年蒲臺大旱　四月海豐地震
六月海豐復地震　秋樂陵大水　十八年蒲臺
旱　二十年利津木棉蟲遍野知縣李茂春禱於

神未幾鵝盡啄之遂不爲災　二十二年六月利
津蝗　二十三年霑化有秋　二十五年春濟南
河井溝瀆之水無風而沸諸州邑皆同　夏五月
武定大雨雹　霑化霪雨害稼　二十六年五月
利津大雨雹　二十八年夏海豐旱　二十九年
霑化有秋　夏青城大水漂没廬舍　三十年霑
化大水　三十二年武定大雨害稼　三十三年
三月霑化地震　三十四年海豐旱　霪雨大水
青城徐家寨產靈芝　三十五年霑化大水
三十八年青城無麥　三十九年武定霑化青城

大疫　秋靑城旱蝗　四十年武定有秋　四十
二年春武定疫　夏武定陽信商河大旱　四十
三年正月二十五日有氣如暈聯貫彌天　五月
武定麥熟　七月雨八月霜晚禾盡傷諸州邑大
饑詔發帑金十六萬倉粟十六萬石遣御史過庭
訓賑之　四十四年武定歲歉　霑化旱蝗生
秋陽信大疫　商河有年　四十五年夏海豐陽
信等縣旱蝗　四十六年東方白氣亘天掃斗口
十月彗星現三月方息　十二月白虹貫日
四十七年六月武定蚜蚄食稼

熹宗天啟元年春遼陽失陷發武定營兵五百名新選兵八十名赴京勤王　二月初三日日暈兩耳如月內紅白光焰閃爍如玉環大竟天西東北方各有慘淡日形暈上大圍青紅如虹者二外向與日光相背自辰至午方散　七月武定霑化旱蝗

二年正月一日日生三珥旁有白氣一道日暈於元枵之次　二十一日武定地震　五月太白晝見隨日而轉　七月海豐海溢　鄆城等處白蓮教亂諸州邑煽動巡撫檄取武定營兵一百名會勦十一月平之　四年正月朔至初三日日暈環

抱二珥一珥抱日一珥背日有赤白氣相射

二日日暈四圍如銀光蕩漾又紫赤光上下繚繞

二月武定海豐地震　三月武定又震　秋熒

惑入南斗四十餘日　十月天鼓鳴起東南迄西

北有聲如雷　十二月十七日夜月有三暈暈色

黑暈外四珥白色皆外向復有黑氣貫月者三

十九日日生兩珥　五年四月太白晝見　六年

六月武定地震有聲如風　商河旱蝗　七年七

月大清河溢濱州大水

懷宗崇禎三年三月大雨雹　四年二月白虹貫日

冬遼將孔有德叛焚掠商河諸邑逼武定南境聞城頭砲聲驚遁過青城新城大肆殺戮百戶何呈圖率武定營兵三百人戰於新城兵潰死之

八年秋武定旱　九年海豐霖雨民饑　十一月十七日星隕天鼓鳴二次自北而南　十年蒲臺獲妖兎兩頭二身八足雙尾一俯一仰相負而行夏陽信海豐樂陵霑化旱無麥　秋武定濱州商河蒲臺蝗蝻害稼　八月至十二月日出入時血氣周天　冬海豐城河冰結樹紋　十一年夏海豐陽信商河蒲臺霑化蝗　武定嘉禾同穎

十二月初十日日生二珥白色如連環　十二

月濱州陽信商河諸州邑大旱民饑　蒲臺蝗　十

三年閏正月元日雷電大作雨雪盈尺　二月日

出如血太風霾　六月日出入時復赤如血　濟

南諸州邑連歲旱饑道殣相望盜賊蜂起　蒲臺

民家産一豕二首三目三耳　十四年武定陽信

海豐樂陵霑化旱饑人相食　五月海豐雨雹疫

癘大作死者枕籍詔免海豐丁租　武定州境南

鄉土寇起　十五年三月陽信地震　土寇宋教

等襲陷武定州城大掠而東　四月陽信商河大

雨雹　雲化爲蝗　十二月亂兵掠樂陵外濠陷
殺傷千餘人城未破而去　十六年正月二日日
赤無光歷四十餘日又有兩日相盪　三月樂蝗
大雪　冬太白晝見除夕雷雨大作是年春
王師略地三月初五日昧爽克武定城丁口存者十
之二　十七年三月十九日闖賊李自成陷京師
冬蒲臺井凍鑿之不入沖沖有聲

皇清

世祖章皇帝順治元年秋利津民間生犢一身二頭一尾
三年春陽信海豐旱　十一月土寇入霑化城

知縣馬肖昌典史劉亞死之 四年正月元日雷
震 四月土寇入蒲臺城掠民焚毁縣治 六月
二十七日日中星現 七月武定樂陵諸州邑蝗
雨四十餘日害稼傾廬舍 土寇入陽信海豐城
高苑賊謝千據青城南境之劉家鎮官兵攻之
五年春寇掠海豐北境邑令杜良祚率衆敗之
夏樂陵海豐霪雨 七年河決荆龍口入大清
河漂沒濱州海豐商河霑化等縣廬舍田禾舟行
陸道無異江湖五年水土始平 八年五月武定
風雷暴作飛瓦走石木盡拔 陽信大雨雹無麥

七月霑化大風雨河水溢至　九年五月陽信霑化大風拔樹霖雨四十餘日平地水深二尺武定商河樂陵等縣大水村落多淹沒　十年黄河水至武定繞城水深丈餘　夏海豐中夜有光聲如驟雨數夕乃止　秋霑化白龍灣決　十一年黄河再決浸氾彌甚　春樂陵地震　七月海豐地震　八月樂陵地復震　十二年陽信大稔夏霑化麥熟　武定旱苗多不實　八月武定隕霜殺稼　土寇入陽信城　十五年正月樂陵地震三月復震　十六年閏三月陽信海豐大雪

盈尺　十八年正月朔海豐地震　十七日陽信

海豐雷

聖祖仁皇帝康熙三年四月二十三日武定諸州邑隕霜

殺麥　夏秋不雨　冬無雪　十月彗星見于西

南　四年二月海豐地震　三月陽信海豐地震

海豐隕霜天鼓鳴星隕武定諸州邑旱麥盡枯

奉

詔捐本年租稅發帑金賑之　八月海豐大雨雹海岸

積地三尺飛鳥皆斃　六年陽信海豐旱蝗害稼

三月濱州海嘯　五月海豐霖雨土河水溢

詔免田租十之二　七年三月利津霑化海溢數十里人畜多傷　海豐潮水南溢八十里溺死者無算六月十七日濟南諸州邑地震武定東南五十里外地裂廣三尺横亘五六里溢出水泥皆黑色十九日又微震是年豐麥每斗四分米每斗三分九年樂陵海豐大旱

詔蠲田租十之二　七月武定異風從西南來自聶索至齊東四十里内走石飛瓦拔木無算　十年海豐旱

詔發粟八百石賑饑民　樂陵饑

詔發粟賑之　十一年武定陽信飛蝗害稼　春濱州大雨雪地介　海豐旱　十二年春武定海豐旱四月海豐海溢　七月彗星見　十三年四月三十日武定諸州邑晝晦　樂陵旱饑

詔蠲田租十之三　十四年四月濱州蒲臺隕霜殺麥及桑　十六年二月海豐大風海水南溢百餘里十七年二月九日武定星隕　濱州天鼓鳴　霑化海豐天鼓鳴星隕火光燭地　陽信蚄蝗害稼　十八年青城經年不雨　夏霑化旱蝗　六月二十四日白氣貫天自東北直向東南　七月

十二日星隕於霑化　二十日商河地中有聲如
鼓自西北來人畜震恐　二十八日濱州陽信海
豐霑化諸邑地震　八月復屢震是歲大饑奉
旨蠲田租十之三　十九年旱　四月海豐大雨雹斃
者數人擊死牛羊無筭　十一月彗星夕見由西
南遷東北白光亘天經兩月始滅　二十年五月
陽信晝晦秋霪雨害稼　二十一年陽信霑化旱
蝗　二十二年十月五日海豐地震　二十三年
秋霑化大水　二十五年霑化有麥　六月濱州
蒲臺大風雨拔木害稼水暴至漂民廬舍　秋霑

化大水　二十七年四月濱州晝晦　八月賓州
蒲臺大雨雹殺稼　武定霑化有年　二十八年
十月濱州雷震　二十九年奉
旨免山東全省田租　七月陽信雨澇　三十年春夏
濱州霑化旱蝗　六月陽信霪雨禾被淹　三十
一年五月武定雨澇平地水深尺餘　三十三年
夏霑化霪雨漂麥　三十五年濱州霪雨害稼
三十六年濱州饑奉
旨賑濟　三十八年霑化大雨雹　四十一年孛星見
秋霑化大雨水奉

青免賦　四十二年黃河決霑化海嘯武定濱海諸州邑橫水氾濫舟行平地歲大饑惟青城有年

詔發粟賑之　四十三年春武定商河利津霑化諸州邑大饑　夏陽信麥大稔　四十四年春霑化旱蝗　五月十八日陽信利津晝晦大風拔樹　四十五年海豐大稔　夏霑化大旱飛蟲蔽天墜地如蜣螂　商河大風晝晦　四十七年夏商河蝗害稼　四十九年利津大稔　五十一年五月陽信民高岱妻一産三男　五十三年二月霑化海溢　五十四年武定濱州商河海豐陽信大水

冬青城李樹華 五十七年陽信縣民邢序妻一產三男 五十九年正月二十六日青城大風晝晦 六月初八日陽信霑化地震 六十年陽信蝗食稼 四月霑化大雨雹蚜蚄生旋飲露死

夏青城大旱 六十一年正月朔日食青城商河大旱

世宗憲皇帝雍正元年四月七日陽信商河海豐等縣大詔發倉賑之

風晝晦 二年商河有秋 二月六日晚陽信霑化大風風中有火行人皆見是歲大疫 青城地

震　三年霑化大饑　二月商河日月合璧五星
聯珠歲大熟　四年三月望日雨雪堅冰　五年
正月朔日食　七月陽信霪雨　海豐大稔　七
年利津大熟　八年秋大清河溢武定濱州海豐
利津霑化大水淹没田禾廬舍
詔發倉賑之　商河縣民孫作聖妻一産三男　樂陵
地震　九年六月二十五日陽信大風拔樹　十
年青城學宫産靈芝　十一年八月陽信雨雹深
三尺許田禾盡損　十二年正月初三日有聲如
雷自東北至西南移時乃止　十三年利津河水

一日三潮

純皇帝乾隆元年十二月二十四日酉時天鼓鳴有星自東南隕於西北　二年五月靑城大雨雹　秋靑城大稔　利津民家犬生一子一頭二尾七足　四年七月利津河水溢　六年陽信盛暑無蠅歲熟　七年十二月彗出金宿光逾尺至次年正月乃滅　八年武定諸州邑大旱行人多熱死奉旨截漕發帑溥賑饑民減免本年田租　九年武定諸州邑大旱詔免田租十之六　十年五月靑城大雨雹殺棉花

十一年三月八日利津大風晝晦　霑化旱奉
旨賑恤　十二年秋利津河溢　惠民霑化大水奉
旨賑饑減免本年田租　十三年正月望孛犯太陰
恩旨蠲免全省田租　十四年三月青城大雪　四月
商河大水禾被淹
詔賑恤之　冬樂陵大雪積數尺　十五年三月十五
日青城大風雨行人有凍死者　六月十五日濱
州大雨雹傷稼　十六年秋利津河溢至次年水
方落惠民霑化諸邑大水　十七年惠民樂陵商
河等縣蝗蝻生旋即撲滅　十八年三月太白經

天青城有年　八月海豐利津海水溢漂没田禾廬舍　濱州霑化大水　十九年霑化大水　二十年霑化蝗生未害禾有秋　八月惠民風雨拔木田禾盡偃　二十一年五月十四日青城陽信地震有聲如雷　商河霑化有年　二十二年利津民宋世烈妻一産三男　商河霑化大稔　海豐減五王莊地租黎敬等莊下地民苦重稅知府赫達色暨知縣周瑞祥請減去三分之二　二十三年霑化有年　二十四年夏海豐利津霑化海水溢漂没田禾廬舍秦

旨賑卹蠲免本年田租是冬海豐商人查懋捐銀一萬兩以散民之無棉衣者　二十八九年樂陵有年　三十年惠民利津大水　三十一年惠民商河利津大水　三十二年利津海水泛溢溺死百餘人　三十六年惠民商河濱州大水　樂陵有年　三十七年樂陵大水　四十六年惠民商河濱州大水　五十一年霑化蒲臺旱　五十五年惠民濱州大水　樂陵有年　五十七年海豐樂陵霑化大旱奉

部賑濟一月口糧次年加賑二月口糧　商河旱　五

十八年陽信縣民王學習妻張氏一產三男 五

十九年武郡二麥被旱奉

詔賞借貧民一月口糧十歲鰥寡孤獨賞給一月口糧

六十年商河秋蝗傷稼 樂陵有年

睿皇帝嘉慶元年樂陵有年 八年孫馬嘴決口黃水漫溢濱州利津霑化蒲臺被水成災惠民青城海豐被水不成災奉

詔分別賑濟撫䘏 十二年惠民縣民蔡輝光妻金氏一產三男 十六年商河春旱 十七年商河蒲臺秋旱 十八年春彗星見于西北光芒數丈至

秋方没　商河秋旱　十九年秋商河有蝗害稼

二十年正月西南方白氣亘天向東長數丈

二十三年海豐利津霑化被潮淹地畝奉

詔撫䘏一月口糧　二十四年惠民濱州利津霑化蒲

臺黄水漫溢淹稼奉

詔賑䘏蠲免　二十五年樂陵有年自元年以後俱豐收　濱州

大水

成皇帝道光元年四月朔日月合璧五星連珠　樂陵有

年　武邵自夏至秋大疫　惠民商河濱州霑化

大水　二年濱州民王孝妻王氏一産三男文丁

學孔妻白氏一產三男　徒駭河水漫溢惠民商
河霑化等縣淹禾稼奏
豁分別輕重緩徵錢糧　五年商河旱　夏彗星見
六年秋霑化大水　八年秋商河霑化大水　九
年樂陵縣民張志芳妻柳氏一產三男　秋霑化
大水　十年十月十六日子時武郡地震一時餘
二十四日申時又震　是月惠民縣隆桑寺地民
家馬產一卵白色大如孟皮有芒刺　濱州民趙
登坡妻張氏一產三男　十一年五月初八日酉
時武郡地震　秋惠民商河霑化大水　十二年

蒲臺旱 霑化大水 十四年惠民旱 十五年商河縣民張回寅妻胡氏一產三男 利津縣民馬恭妻宋氏一產三男 春惠民旱 秋霑化蒲臺大水濱州蒲臺有蝗 十六年惠民縣麥秀雙岐穀秀雙穗是歲大有年 十七年樂陵縣民陳吉順妻朱氏一產三男 惠民樂陵旱 十九年惠民霑化大水 二十年正月十五日雷大震秋霑化大水 二十三年夏彗星見 二十四年秋惠民霑化蒲臺大水奉

詔分別輕重緩徵錢糧 二十五年春海豐利津霑化

河水漫溢淹稼奉

詔撫卹一月口糧　秋惠民有蝗　二十六年秋惠民

樂陵霑化蒲臺被水奉

詔分別輕重緩徵錢糧　二十七年霑化有蝗　樂陵

有年二十八年秋惠民蒲臺被水　蒲臺有蝗

二十九年秋惠民樂陵被水　三十年正月朔

日食　秋惠民樂陵霑化蒲臺被水

皇帝咸豐元年秋惠民大風雹　濱州樂陵霑化被水

二年小支河水漫溢惠民濱州蒲臺淹稼　三

年夏武郡蝗虫蔽日　濱州被水　四年春惠民

蝻子生數里鴉鳥食之淨　秋惠民濱州蒲臺等
州縣被水　五年五六月武郡城中生小蝦蟇盈
千累萬大如蠶豆小如黃豆自三臺寺院門首至
南門外遍地皆是　秋七月大清河黃水漫溢白
龍灣決口惠民商河濱州利津霑化蒲臺等州縣
漂沒廬舍田禾舟行陸路入郡城奏
詔賑濟　六年秋徒駭河水漫溢惠民青城商河濱州
蒲臺被水奏
詔分別輕重撫卹緩徵　七年秋徒駭河水漫溢惠民
青城商河濱州霑化蒲臺等州縣淹稼奏

詔分別輕重撫卹緩徵　樂陵旱有蝗　八年八月彗

星見于西北光芒數丈九月後沒　武郡大有年

【光緒】惠民縣志

（清）沈世銓修　（清）李勗纂

清光緒二十五年（1899）柳堂校補刻本

惠民縣志卷十七

五行志

祥異

人事感於下天道應於上其休咎所名昭然不爽者何也蓋陰陽調燮失其中和則五行淫逸之氣鬱而爲災感應之機豈虛語哉古之人珍禽異草不上符瑞之書水溢旱乾輙下修省之詔察災祥而訪政事不得委諸氣化之適然也邑雖彈丸而休咎之徵何地蔑有茲據史册所載故老所傳凡祥異之見於是邑者備錄於篇庶有土者知所敬

畏而思弭變於未然也

漢

武帝建元三年春河溢平原郡大饑

東漢

光武建武三年春河水溢平原大饑人相食

安帝元初二年十一月甲午客星見西方巳亥在虛危　六年四月渤海大風拔木

桓帝永興二年厭次河水清　延熹九年平原河水清　永康元年渤海郡海水溢

靈帝光和三年歲星熒惑太白三合於虛相去各

五六寸如連珠

晉

武帝咸寧二年八月平原厭次隕霜害稼　太康四年十一月白兎見富平

惠帝永平元年四月彗星見齊分　永康四年五月甘露降樂陵國　永興元年七月歲星守危虛十一月熒惑太白鬬於危虛

懷帝永嘉二年九月有大星如日自西南流至東北小者如斗相隨亘天色赤有聲如雷

元帝太興元年十一月乙卯夜日出三丈中有赤

青珥　四年枉矢出虛危

孝武帝泰元十二年十二月辰星入月在危　義熙二年十二月月掩太白在危　五年十二月太白犯虛危

南北朝

宋孝武帝永初三年二月有星孛於虛危　十月有星孛於虛危向河津埽河鼓　大明六年八月樂陵郡獻嘉禾　十一月十五日太白填星合於危

順帝昇明三年四月歲星在虛危徘徊元枵之野

魏

太武始光五年二月白鹿見因改是年爲神䴥元年 三年六月流星在危南入羽林

隋

文帝開皇十四年十一月有彗星孛於虛危齊魯之分 十九年十二月星隕 二十年十一月地震

煬帝大業七年山東河決 八年山東旱疫人多死

唐

太宗貞觀元年夏山東旱詔賑卹蠲免租賦　七年秋山東四十餘州大水遣使賑之　八年七月山東大水　八月甲子有星孛於虛危歷元枵

中宗長壽二年五月河溢壞民居二千餘家

景龍元年山東疫　十月丙寅太白熒惑合於虛危

元宗開元十年河決　二十五年河溢州志作河清　天寶十五年五月熒惑填星同在虛危中有芒角

代宗大歷八年閏十一月壬寅太白辰星合於危

德宗興元二年夏六月蝗大饑　三年閏五月戊

賓柱欠坐於虛危

憲宗元和八年六月大風拔木　十一年十一月塡星熒惑合於虛危　十二月塡星太白辰星聚於危

文宗太和二年河水溢壞州城　九年六月庚寅月掩歲星在危而暈　十月庚辰月復掩歲星在危　開成二年二月彗出於危指南斗八月彗星見於虛危

僖宗乾符四年七月流星如盂自虛危入天市至羽林而滅

昭宗乾甯三年十月有客星三一大二小在虚危
間乍合乍離相隨東行狀如鬬經三日二小者先
滅其大者後没　天復元年塡星守虚經年始去

五代

梁乾化中河水爲患刺史華温琪徙新州避之
唐清泰二年九月巳丑彗出虚危經天壘哭星

宋

太祖建隆元年十月河決壞居民廬舍　三年二
月隕霜殺桑民不蠶　乾德五年夏六月有火自
空墜於北門城樓有物抱東柱龍形金色足三尺

許氣甚腥越宿視之壁上有烟痕爪跡三十六處

七年有火墜於城北有物如龍

太宗端拱二年十一月壬辰歲星熒惑合於危

淳化元年七月蝗　二年十一月壬辰填星熒惑合於危　至道元年七月癸丑有星出危大如杯入羽林沒

真宗咸平三年秋七月嘉禾合穗　二年八月蝗

大中祥符五年正月河決棣家口詔免田租

八月河決州城詔徙州陽信界　乾興元年五月壬辰星出危大如杯赤黃色有尾迹行而東近如

迸火隨至羽林軍南没

仁宗明道元年八月星出營室西南行至危没

景祐元年九月大星出天津　青色有尾没於危

慶歷元年八月黑氣起西南長七尺貫危宿羽林

入濁至天津良久散　五月流星過虛危間有尾

跡光明燭地　皇祐元年丁卯彗出虛晨見東方

西南指歷紫微至婁　至和二年六塔河決民多

溺死

神宗熙甯二年七月星出危南西南急行至壘壁

陣没　元豐元年八月大水詔被水民以常豐糧

貨之蠲其租賦

高宗紹興十六年十二月彗出西南危宿

孝宗隆興元年十二月壬午夜白氣見西南方出危入昴　六年十一月熒惑與歲星合於危

光宗紹熙五年十一月填星與熒惑合於危

理宗紹定元年熒惑與填星合於危　端平十年十二月填星與歲星合於危

金

世宗大定二年大熟　十六年山東旱蝗

章宗明昌三年山東大饑棣州尤甚詔德州防禦

使王擴賑貸饑民　十一年金木二星見在日前

十三日方伏而順行危虛在羽林軍上壁壘陣下

光芒燭天　四年山東大稔

宣宗貞祐三年十二月太白晝見於危八十有五

日乃伏

元

世祖中統元年饑詔發常平倉賑之　夏五月大

旱蟭禾稼　四年秋八月蝗　二十七年夏五月

風雨雹傷禾稼桑棗　至元六年大水　二十年

夏五月隕霜殺麥　二十六年夏六月霪雨害稼

二十七年五月大風雨雹害稼　二十九年五月大旱勅發附近官廩計口以給　三十一年七月雨雹大風拔木發屋

成宗大德二年二月歲星太白熒惑聚於危　四月山東蝗　五年饑　六年大水　十月辛卯有星大如杯光燭地自北起近東分爲二星沒於危宿

武宗至大元年夏四月大風雨雹　二年秋七月霖雨害稼

仁宗皇慶元年旱　二年霖雨害稼　延祐七年

六月大水

英宗至治三年五月霖雨害稼詔賑糧蠲民半租

泰定帝泰定三年正月大水饑詔賑貸死者給鈔

以葬

順帝至正六年春二月山東地震七日 七年三

月山東地震有聲如雷天雨白毛 十年春正月

隕石初空中有聲自西來距州二十里外隕於地

爲石其色黑微有金星散布其上有司以進遂藏

之司天監 十二年正月彗星見於危宿 二月

夜不見星惟有白氣凡三十四日始滅 四月朔

長星見危宿間其形如練長十餘丈四十餘日乃滅六月白氣起危宿掃太微垣　十六年山東大水　十七年山東大饑人相食　二十年山東地震雨白毛　二十一年八月夜半有赤氣亘天起東北至於西北　二十二年夜有白氣如孛起危宿長數百丈掃太微　二月彗星見於危宿光芒長餘色青白　四月長星見在虛危之間四十日乃隱　二十三年山東無麥赤地千里　二十六年八月大清河決居民漂沒幾盡　二十七年五月山東地震

明

太祖洪武二年山東旱詔蠲免稅糧　三年再免
山東租　五年山東饑詔發粟賑之　六年八月
河水暴漲自齊河至棣州境南洪波七十餘里十
年大稔斗米七錢　十五年棣州城西南隅井中
龍見　二月詔免山東稅糧　十八年山東旱詔
蠲秋糧　二十八年蠲免秋糧

成祖永樂元年七月山東郡縣野蠶成繭

景帝景泰七年大饑人相食

憲宗成化七年龍戰於野大饑　九年三月風霾

晝晦　十年大稔斗米七錢

孝宗宏治十七年正月至九月不雨

武宗正德二年境內雨冰樹木枝膚皆裂　六年夏四月武定東城外有蓬如人知州崔璽登城射之　七年飛蝗蔽天　六月黑眚見至冬乃息有物隱黑霧中近人多被爪傷老幼皆擊銅鼓以自衛通夕不寐　十一年大水蝦蟇鳴樹上　十四年春大疫死者枕籍　冬民間訛言禁畜豬一時屠宰種類幾絕　十六年春大水

世宗嘉靖二年九月大雨雹　三年三月大風揚

沙害麥　五年七月蝗大水害稼　九年彗星見次於畢危經月而滅　十年蝗　十二年十月丙子夜半至曉星隕如雨　十三年正月雨雪葯麥夏大水　秋蝗民饑　十八年大水入城北門二十年春大荒　二十六年五月二十五日星隕如雨天鼓鳴　六月旱　二十七年正月民間傳言異井出在州東南六十里外村民掘地得瓢鍑元至正間鐵可療諸症遠近競往遍月乃罷　三十年九月大雪　三十一年五月大雨雹　七月大水　三十二年大饑禾麥無收　三十三年饑疫

事聞天憲出粟賑之 三十四年大稔 十二月二十九日卯初日生四珥俱紅赤色在北者光芒奪目 三十五年有年 夏六月二十日南方倏出一星光可丈餘夜分羣星三十餘南奔光輝燭地 四十三年四月初四日夜有星孛於西北其光燭地俄聞天鼓鳴

神宗萬歷九年彗星見於西北 二十五年春河井溝瀆之水無風而沸 夏五月大雨雹 三十二年大雨害稼 三十九年大疫 四十年有秋 四十二年春疫 夏大旱 四十三年正月二十

五日有氣如暈聯貫彌天　五月麥熟　七月雨

八月霜晚禾盡傷諸州邑大饑詔發帑金十六萬

倉粟十六萬石遣過庭訓賑之　四十四年歲歉

四十六年東方白氣亘天掃斗口十月彗星見三

月方息　十二月白虹貫日　四十七年六月蝗

蝻食稼

熹宗天啓元年二月初三日日暈兩耳如月內紅

白光焰閃爍如玉環大竟天西東北方各有黯淡

日形暈上大圓青紅如虹者二外向與日光相背

自辰至午方散　七月旱蝗　二年正月一日日

生三珥旁有白氣一道日暈於元枵之次　二十一日地震　五月太白晝見隨日而轉　四年正月朔至初三日日暈環抱二珥一珥抱日一珥背日有赤白氣相射　十二日日暈四圍如銀光蕩漾又紫赤光上下繚繞　二月地震　三月又地震　秋熒惑入南斗四十餘日　十月天鼓鳴起東南迄西北有聲如雷　十二月十七日夜月有三暈暈色黑暈外四珥白色背外向復有黑氣貫月者三　十九日日生兩珥　五年四月太白晝見　六年六月地震有聲如風

愍宗崇禎三年三月大雨雹　四年二月白虹貫日　八年秋旱　十一月十七日星隕天鼓鳴二次自北而南　十年秋蚜蚄害稼　八月至十二月日出入時血氣周天　十二年嘉禾同穎　十二月初十日日生二暈白色如連環　十三年閏正月元日雷電大作雨雪盈尺　二月日出如血大風霾　六月日出入時復赤如血　十四年旱饑人相食　十六年正月二日日赤無光歷四十餘日又有兩日相盪　冬太白晝見雷雨大作

國朝

順治四年正月元日雷震　六月二十七日日中
星現　七月霪雨四十餘日害稼傾廬舍　八年
五月風雷暴作飛瓦走石拔木　九年大水村落
多淹沒　十年黃河水至繞城水深丈餘　十一
年河再決浸氾彌甚　十二年夏旱苗多不實
八月隕霜殺稼
康熙三年四月二十三日隕霜殺麥夏秋不雨冬
無雪　十月彗星見於西南　四年三月旱麥盡
枯萎
詔蠲本年租稅發帑金賑之　七年六月十七日地震

城東南五十里外地裂廣三尺亘五六里溢出水泥皆黑色　七月有異風從西南來自聶索至齊東四十里內走石飛瓦拔木無算　十一年飛蝗害稼　十二年春旱　七月彗星見　十三年四月三十日晝晦　十七年二月九日星隕　十八年六月二十四日白氣貫天自東北亘向東南　十九年旱　十一月彗星夕現由西南遞東北白光亘天經兩月始滅　二十七年有年三十一年五月雨潦平地水深尺餘　四十一年孛星見　四十二年海嘯橫水汜溢舟行平地歲大饑

詔發粟賑之　四十三年春大饑　五十四年大水

雍正四年三月望日雨雹堅冰　八年秋大清河

溢淹沒田禾廬舍

詔發倉賑之　十二年正月初三日有聲如雷自東北

至西南移時乃止

乾隆元年十二月二十四日酉時天鼓鳴有星自

東南隕於西北　七年十二月彗出金宿光逾尺

至次年正月乃滅　八年大旱行人多熱死者

旨蠲漕發帑溥賑饑民減免本年田租　九年大旱

詔免田租十之六　十三年正月望孛犯太陰

恩旨蠲免全省田租　十七年蝗蝻生旋即撲滅　十八年三月太白經天　十九年八月風雨拔木田禾盡偃　三十一年秋禾被水奉旨賑䘏蠲糧　三十六年秋禾被水賑䘏蠲糧　四十六年大水害稼奉旨賑䘏被災貧民蠲緩租糧　五十五年大水　五十九年二麥被旱奉詔賞借貧民一月口糧十屬鰥寡孤獨賞給一月口糧

嘉慶八年探馬嘴黃水漫溢　十二年縣民蔡輝光妻金氏一產三男　十八年春彗星見於西北

光芒數丈至秋方沒　二十年正月西南方白氣亘天向東長數丈　二十四年黃水漫溢奉

詔賑恤蠲免

道光元年四月朔日月合璧五星連珠　夏秋大疫兼被水患　二年徒駭河水漫溢傷禾奉

詔分別輕重緩徵　五年夏彗星見　十年十月十六日子時地震一時餘二十四日申時又震　是月惠民縣隆桑寺地民家馬產一卵白色大如盂皮有芒刺　十一年五月初八日酉時地震　秋大水　十四年旱　十五年春旱　十六年麥秀雙

歧穀秀雙穗大有年　十七年旱　十九年大水

二十年春正月十五日雷大震　秋大雨河溢

二十三年春白氣起於西南長竟天月餘始滅

二十四年二十六年均大水奉

旨分別輕重緩徵　二十八九年三十年均被水

咸豐元年秋大風雹　二年夏六月丁未大風拔

木禾盡偃　小支河水溢傷禾　三年夏飛蝗蔽

日　四年春蝻子生鴉鳥食之淨　秋被水　五

年夏六月城中生小蝦蟆大如蠅小如豆自府東

至南門外遍地皆是　秋七月黃河灌入大清河

白龍灣決口徙河沙河漲溢漂没廬舍田禾奉
旨賑濟　六七年上游河決徙駭漫溢均奉
旨分别輕重撫卹緩徵　八年秋八月癸亥彗星出於
翼沖北斗每夜南移二十餘日始滅　戊辰晨有
六日影閉日者三日赤色無光　大有年　十年
二月大雪一月方止　十一年六月己巳彗星貫
紫微垣至七月始滅　八月丁巳朔日月合璧五
星連珠聚於張宿
同治元年春二月戊申黑風自西北來飛沙拔木
晝如晦　夏大疫　秋七月乙巳彗星起西北長

數丈直沖紫微垣八月漸移入天牢遂滅　二年
春二月丁丑日中有黑子　夏四月己卯天狗自
東南流於西北光芒燭天　五月戊午太白經天
八月河水溢　三年秋河水又來　四年夏六月
河決張家墳徙河沙河皆潰　六年黃水復來
七年秋九月天狗流於西北火光如炬　歲星在
危太白逆守之月餘始去　秋黃水復來　是歲
被水被賊奏
旨蠲緩地丁漕糧均免　九年秋七月黃水復來徙河
沙河漲溢傷禾黍

旹分别緩徵 十年夏六月太白晝見 十一年有年

十二年春正月癸未天狗下墜聲如雷 夏六月

乙巳天狗流於西北火光如炬振振有聲 秋九

月桃李華 十三年春正月辛亥午時月晝見

夏五月庚申彗星見於內階六月丁丑始滅

光緒元年春正月甲辰太白晝見 二年春旱

夏四月雨雹鳥獸多死 秋八月隕霜殺禾 大

饑奉

旹分别緩徵 四年八月河決白茅墳 五年夏五月

乙酉諸水沸溢數刻始定 六年夏四月月旁有

兩珥如日形閱數刻始滅　八年夏四月彗見起
於西北自少尉入紫微垣至四輔止　六月黃水
復來徒河漫溢　秋七月庚寅彗星起於東厥五
星長數丈經張星柳鬼井至弧矢始滅奉
旨分別輕重蠲緩以後歲被水患邇有蠲緩九年春正月二十四日
河決清河鎮徒河潰溢奉
旨分別輕重賑卹江南督局紳士嚴作霖來東赴各災區賑濟十年黃水復
來徒河漫溢　秋八月日赤無光朝夕天色皆赤
奉
旨分別輕重賑卹江南督局復由直省委候補同知史善詒來東赴各災區賑濟十一

年夏五月黃水復來徙河水溢　辛酉日中有黑

氣摩盪者久之日將暮色赤無光月色並赤

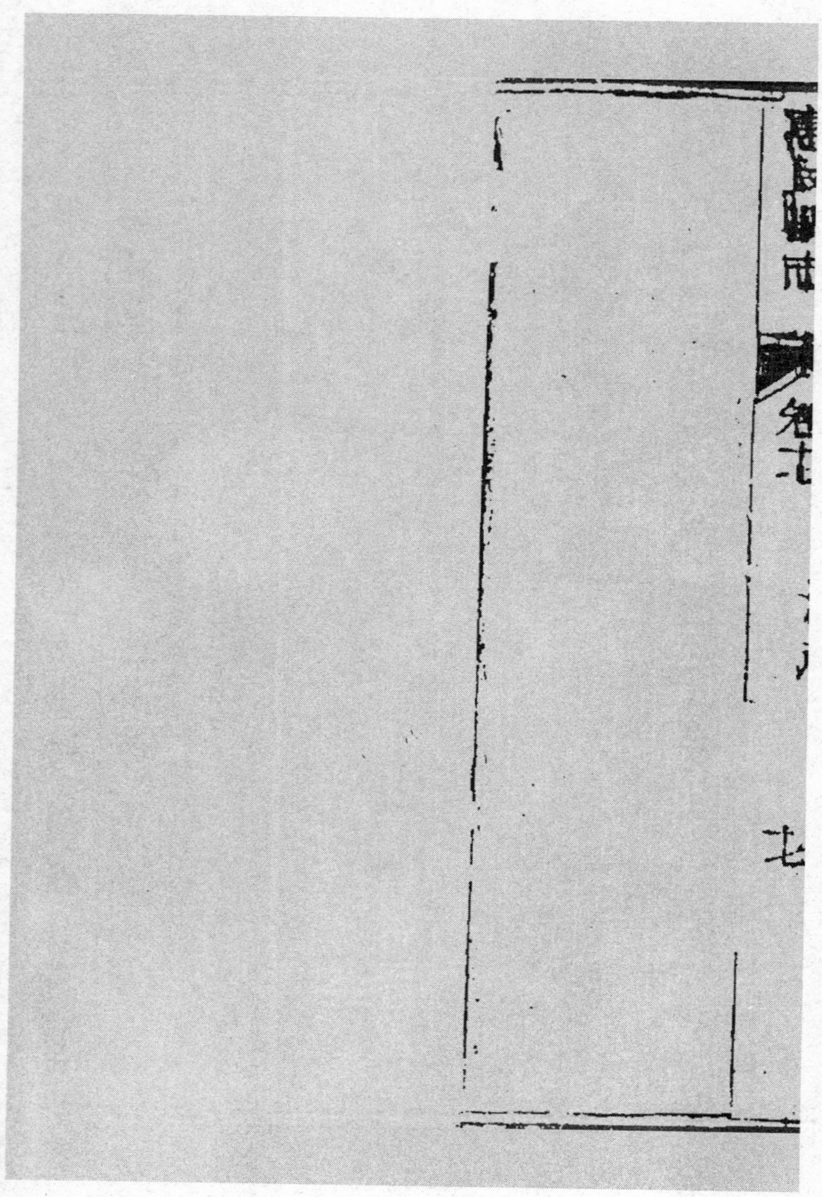

【民國】陽信縣志

朱蘭修　勞迺宣纂

民國十五年（1926）鉛印本

祥異志 附蠲賑

天災呈於上而人爲應於下人爲變於下而天災應於上蓋天人一氣災變百出互相感召而毫釐不爽者也聖人憂之側身修省有挽回造物之心拊恤災能補救生民之憾於是乎蠲租稅賑凶荒以一身周旋乎天人之間則災不爲害變復其常矣 邑人劉應角

宋

慶歷五年六月流星過虛危間有尾跡明燭地

大中祥符四年棣州河決聶家口卽聶索五年又決李家灣環城

數十里民舍多壞徙城於商河沙勢高民舍踰丈明年乃詔徙
城陽信之八方寺

元

中統三年李璮反

二十五年饑詔停租稅

至元二十年夏五月隕霜殺麥（按元之年號有兩至元此是始祖之至元非順帝之至元也）

大德二年二月歲星熒惑太白聚於危四月蝗

至大元年戊申饑

皇慶元年旱

至治二年霪雨害禾

泰定元年甲子八月霪雨害稼

至正六年二月地震七日乃止

七年三月地震有聲如雷天雨白毛

十二年二月彗星見於危宿三日不見白氣貫於天凡二十四日始沒四月長星見長十餘丈四十餘日乃滅六月白氣起虛危宿掃太微垣

十六年大水

十七年大饑人將相食

二十年地震雨白毛

二十二年夜有白氣如孛起危宿長數丈二月彗星見危宿長

丈餘四月長星見四十日乃隱

二十三年山東無麥赤地千里

二十六年八月大清河決

二十七年五月地震

明

洪武元年戊申免山東夏秋稅糧

二年旱免山東租

三年免山東田租

五年山東饑詔發粟賑之

十年大稔

十三年紅軍寇縣十村九墟遷直隸東三府民以實陽信

十五年免山東租

十八年七月旱詔免秋糧

二十八年免山東秋糧

永樂元年癸未命寶源局鑄農器給山東被兵之民七月野蠶成

明

十八年蒲臺妖婦唐賽兒煽亂鄰境被其刼掠

洪熙元年乙巳免山東田租之半

景泰三年大饑

天順元年丁丑山東饑發銀四萬兩賑山東飢民

成化六年隕石

九年三月風霾晝晦大饑

十年大稔

十七年七月霪雨害稼

二十年山東大旱遣官賑濟

弘治五年大饑

七年大稔

十七年旱自正月至九月不雨

嘉靖三年三月大風揚沙害麥

三十二年大饑

三十四年大稔

三十五年有年

四十三年四月天鼓鳴

萬曆元年癸酉旱

二十五年春濟南河井之水無風而沸諸邑皆然五月大雨麥禾盡浥大饑

三十二年大雨害稼

四十二年夏旱無麥

四十三年大旱雨雹蝗蝻滿地禾麥全無蠲免夏秋稅糧已納者留以施賑發德州倉糧數千石煮粥濟貧

四十四年人相食夏秋大疫死者枕藉發帑金十六萬兩倉粟十六萬石遣御史過庭訓賑山東饑民

四十五年旱蝗爲災饑民益衆

天啟元年辛酉二月三日日有兩耳七月蝗

二年日有三耳二月地震三月地震五月太白經天十月天鼓鳴有聲如雷

五年四月太白晝見

六年六月地震有聲如風

崇禎九年天鼓鳴二次

十年夏旱無麥

十一年夏五月飛蝗蔽野禾苗立盡十二月初十日日生二暈如連環

十二年夏四月蝗蝻入城行如流水秋大旱狼入村鎮搏噬人畜

十三年閏正月元日雷電大作雨雪盈尺春夏大旱野無寸草斗粟千文道殣相望發帑金六千兩賑山東飢民

十四年春夏大旱斗粟二金人相食瘟疫大作死者枕藉十村九墟人烟幾絕

十五年三月雨雹二十三日地震發帑銀二萬賑山東飢民免三年稅糧從前逋賦盡爲豁除

十六年正月初二日日赤無光又有兩日相盪十一月太白晝見除夕雷雨大作

十七年民間訛言元旦不出門不禮神祇不拜節夏四月逆闖僞令搜羅邑紳子弟捐貲助餉各三五百金勒限嚴比五月初一日大清定鼎

清

順治元年即明崇禎十七年甲申正月元旦雷是年署理知縣事趙申龍先附清七月霪雨害稼蠲除明季新增銀兩夏稅秋糧免一徵二

三年春旱十一月初三日土寇入城

四年夏五月大風拔樹屋瓦皆飛六月二十四日土寇入城秋
七月霪雨五旬竈底蛙鳴室廬盡壞
六年黄水大至有異獸見東郊
七年夏五月雨雹傷麥黄河水決荆隆口衝大蕭河溢漂沒陽
海商濱諸縣境
八年夏四月大雨雹五月初八日又雹無麥七月河水又至以
倉米賑貧民以學租賑貧士
九年夏五月大風拔樹霪雨四旬平地水深二尺
十年荆隆口決水深數尺舟至城下秋白龍灣口決水至城東
北三十里陳家樓西北衝壞平地十餘畝深數丈號陳家旋灣

蠲秋糧三千七百八十兩五錢

十一年黃河再決禾苗盡淹蠲秋糧六千九百七兩八錢已完者抵十二年夏稅又免水次米四伯八十石五斗六升七合臨德米四十三石八斗

十二年大稔八月土寇入城

十四年蠲銀一千一伯兩六錢

十六年閏三月大雪盈尺

十七年蠲積逋一萬四千七百餘兩

十八年正月十七日雷

康熙三年夏四月二十三日隕霜殺麥秋旱無禾大饑冬無雪蠲

夏稅五分抵六年夏稅順治十五年以前民欠盡行豁免

四年三月二日巳時地震春夏大旱風霾蔽日民飢發德州倉一千石遣官賑濟夏稅秋糧盡行豁免已完者抵五年正項並免順治十六七八年各項民欠至秋乃熟

六年春旱夏蝗害稼

七年六月十七日戌時地震有聲

九年夏旱無麥秋蝗害稼免夏稅五分

十年免康熙四五六年民欠

十一年蝗害稼七月彗星見

十二年夏旱無麥蠲夏稅五分七月彗星見

十三年四月三十日晝晦訛言采女一時嫁娶幾盡

十七年二月初九日天鼓鳴虸蚄害稼

十八年六月二十四日白氣通天自東北向西南七月二十八日午時地震八月屢震虸蚄害稼大饑

十九年旱十一月彗星見白氣通天兩日始滅

二十年五月二日未時黃風晝晦秋霪雨害稼

二十一年春夏大旱六月乃雨七月虸蚄害稼

二十三年秋大水

二十五年有麥秋大水山東本年地丁錢糧盡行豁免

二十八年正月駕南巡免明年山東全租

二十九年七月雨澇

三十年六月霪雨浹旬晚禾盡沒

三十一年大疫五月雨澇平地水深尺餘

三十三年夏霪雨漂麥

三十六年輪蠲山東地丁錢糧一次

三十八年秋大雨

四十一年孛星見秋大雨

四十二年五月横水深二三尺許平地舟行歲大饑詔蠲明年山東全租冬奉旨賑饑

四十三年春大饑途多餓莩山東地丁糧米通行豁免

四十四年五月十八日大風霾拔樹掀瓦白晝如晦六月初一日民訛作新年秋蝦蝻生免山東全省錢糧

四十七年七月二十五日無雲而雷擊死人九月雪夜見雙月

四十八年正月元旦日有雙珥三月十四日石皆汗九月雪

五十年六月初八日星隕於東郊

五十一年五月十三日政德鄉高岱妻許氏一產三男

五十二年始發帑銀買米貯倉免山東全省錢糧

五十三年海溢錢糧照分數蠲免

五十八年正月井水凍

五十九年六月初八日申時地震

六十年遍地蚄生食禾苗殆盡

六十一年正月朔日食十月至十一月雨結樹木皆白

雍正元年癸卯四月初七日黑風自西北來始黃繼紅終黑白晝如夜至酉始止山東省自康熙五十八年至六十一年分帶徵未完錢糧緩徵一年

二年二月初六日晚大風風中有火行人皆見大疫人多死山東省康熙五十八年至雍正元年帶徵民欠自二年起作八年帶徵

四年三月十五日雨雪堅冰日月紅十二日冰解

五年正月朔日食三月濬土河得金印於泥中文曰忠孝軍副

統印七月霪雨七晝夜不止房屋倒壞甚多

六年六月始雨晚禾始種七月霪雨害稼

八年秋大清河溢水大至村民多不能支詔發倉賑之山東省

地丁錢糧免四十萬

九年撥奉天府存倉米十萬石由海運入利津分撥武定府屬

各州縣平糶六月二十五日大風拔樹

十一年八月十六日未時雹冰驟至深三尺許大者如雞卵田

禾園蔬傷損殆盡

十二年正月初三日戌時有聲如雷自東北至西南移時不止

乾隆元年丙辰山東省從前積欠錢糧盡行豁免冬十二月二十

四日酉時天鼓鳴有星自東南隕於西北方隆隆有聲

六年盛暑無蠅

七年十二月彗星出奎宿光踰尺至明年正月乃滅

八年武定府屬陽信等八縣旱災撫卹賑濟倉糧不足發萊積穀截留倉糧以資賑糶成災之地錢糧照分數蠲免

九年夏旱無麥

十年秋禾被雹

十一年大饑奉旨賑卹

十二年大水奉旨賑饑

十三年正月望孛犯太陰恩旨免全省錢糧

十六年大水

十七年夏五月蝗蝻生發

十八年三月太白經天八月大水

十九年秋禾被水錢糧免八百三十餘兩賑濟貧民

二十年蝗生無害

二十一年二月二十二日辰時地震如雷

二十二年有年

二十三年有年

二十四年大水奉旨賑濟

三十五年皇太后八旬萬壽通行蠲免錢糧十分之四

三十六年秋禾被水蠲糧賑䘏

三十九年兖州王倫反蹂躪山東屬

四十年大旱

四十二年正月庚寅皇太后崩普蠲天下錢糧仍分三年輪免

四十三年十月萬歲南巡普免天下漕糧

四十六年大水害稼

五十年七月大旱

五十一年大旱

五十五年大水

五十六年三月二十六日隕霜殺麥復萌不減收

五十七年大旱

五十八年大饑

五十九年二麥俱無

嘉慶元年丙辰大雨

八年黃水漫溢

十年春多雨三月二十日氷凍傷麥

十二年二月十七日夜大風樹多火光

十七年三月二十一日黑風自西北來日曀無光

十八年春彗星見於西北光芒數丈至秋始沒

二十年正月西南白氣亘天向東北長數丈

二十三年海溢
二十四年黄水漫溢
二十五年正月西南方白氣亘天長數丈
道光元年辛巳四月朔日月合璧五星連珠自夏至秋霪雨害稼
癘疫盛行死者無數
二年徒駭河水溢
四年春大雨有年
五年夏彗星見
六年秋大雨
八年秋霪雨害稼

九年秋霪雨害稼

十年十月十六日子時地震一時餘方定申時又震二十四日又震

十一年五月初八日酉時地震

十二年大饑斗粟京錢一千二百文

十四年旱

十五年霪雨害稼大饑

十六年麥秀雙歧穀秀雙穗大有年

十七年旱

十九年大水

二十年正月十五日雷大震夏蝗秋大雨

二十二年夏旱秋大雨

二十三年夏彗星見

二十四年秋大雨

二十五年春海溢夏霪雨害稼

二十六年秋大雨

二十七年夏蝗秋大雨

二十八年秋大雨水

二十九年大雨

三十年正月朔日食秋大雨雷電以風禾盡偃穀粒靡盡

咸豐元年辛亥秋大雨雹瘟疫盛行民死無算

二年六月大風拔樹偃禾海水溢秋疫歲大祲

三年飛蝗蔽日

四年蝻子生被鳥食淨秋大雨水

五年正月十九日雷震夏蝗大雨水秋黃河決入大清河漫溢

秋禾盡淹房屋倒塌無數

六年水溢

七年徒駭河水溢

八年八月彗星見於西北光芒數丈至九月始沒

十年春多雪自正月十四至二月十四日止有年

十一年正月朔日赤如火六月彗貫紫薇垣七月秋始滅人染瘟病面黃食減無力嘔吐比戶皆然孕婦多產死鹽匪擾境有鹽匪紀略載兵事誌

同治元年壬戌二月二十六日申時黑風自西北來晝晦如墨飛沙揚塵拔樹掀屋烏鵲雞犬觸木墜井死者無數人亦有之有牛車載婦人被風吹至慶雲界詢之係京南固安人頃刻數百里人竟無恙兩時許變黑爲赤六月瘟疫大作人死幾半民間訛以七月初一日作新年七月十四日夕流星南渡相連一夜不止彗星長丈餘直沖紫薇垣八月始沒

二年二月日中黑子四月有火星長數丈自西南流向東北沒

五月太白經天八月河水溢

三年秋大水

四年太白經天月餘秋洪水至

五年正月二十八日風霾

六年黃水溢

七年四月十一日捻匪張總愚率十餘萬衆圍城下官軍追至城得無恙閏四月二十三日破商家寨殺人塡溝幾平越二日又屠司家寨往反數次數百里兵燹彌漫人煙滅絕太白經天七月官軍會剿楡林報捷秋黃水勢盛有捻匪紀略載兵事誌

八年正月初三日雷震窗有聲者三秋黃水

九年元旦日食初三夜遍地火光二十五日風霾日曀秋黄水

十年正月二十八日太白晝見秋霪雨壞屋害稼

十一年大有年

十二年正月有星下隕其聲如雷九月桃李華

十三年正月辛亥午時月晝見四月二十日地震有麥夏旱五月彗星見於内階

光緒元年乙亥正月甲辰太白晝見有年

二年春旱無麥至閏五月十八日大雨始種五穀歲歉民飢有死者

三年旱民饑死者甚多

四年四月初六日夜雨雹數寸一時之久方止大如酒盃禽獸死者無算麥雖被害復萌不減收八月河決白茅墳

五年大雨水五月諸水沸溢

六年四月日旁有兩珥如日形闘數刻始滅有年

七年歲大稔

八年正月初三日夜雷大震四月彗星見於西北六月黃水七月彗星起於東甌五星長數丈

九年正月河決清河鎭

十年六月太白經天黃水八月日赤無光朝夕天色皆赤

十一年五月黃水

十三年河決桑家渡八月黄河南決鄭州

十四年五月初四日未申之際地大震有聲自西北來人自傾僵房屋搖動邑北城樓崩海豐寺塔擺折三起平地有陷如井者有拆裂數尺者自縫中噴出黑泥中有蝦蟹魚蛤之類

按此乃海嘯地震世界沿海諸國常有之

十五年七月黄水大至惠陽海霑四縣如平川所有莊村民房全行漂沒自被水以來未有甚於此者衝開無數深溝大饑

十六年六月黄水漫溢較去年尚小

十七年有年

十八年河決南北王莊

十九年河決河套崔莊冬霧淞數十日
二十年六月初七日未時暴風雨雹十一月初六日霧淞五六日
二十二年五月初七日烈風疾雨帶雹七月初五日大雨村莊中房屋傾圮者甚多
二十三年六月初九日疾風暴雨
二十四年三月二十六日四廟村見有蛇雙頭長尺許止則雙頭平列行則兩頭相交見者亦無恙秋雨害稼黃水繼至大饑
二十六年庚子六月旱日赤如血八月蝗食麥太白經天是年也拳民起釁八國聯軍內犯北京失守兩宮西狩有拳匪紀略

載兵事志

二十七年六月城南雨雹大如碗小如卵大雨害稼各村莊房屋傾塌甚多

二十八年蝗蝻生六月瘟疫大作人死無算民間不通慶弔訖以七月初一日作新年秋蚜蚄生穀食大半窪田收

二十九年旱低田收

三十年城東北鄉天陰雨有龍取水被產婦冲見眞象終日雨乃升十二月溫凍解

三十一年二月十七日子時地震屋搖動有聲門窗什具皆響犬吠鵲噪三月初一日電擊大槐一株六月初四日白氣通天

至辰時始滅二十日雷雨大作歲稔

三十二年五月十二日大風拔樹六月穀生蚄豆生毛蟲大旱窪田半稔

三十三年七月二日六日大雨雹如卵頃刻數寸斯時禾稼未穫被雹擊壞減收一半卽時霍亂盛行人死無算有一家全沒者十月初一日雷電風雨

三十四年春旱無麥三月雪五月下旬雨始得播種六月二十五日亥時有流星自西南來至東北沒大如碗尾長數丈餘光射數十里外十月皇太后皇上相繼晏駕

宣統元年己酉春大旱三月初八日昏月套二環六月蚄生綿

延村野緣牆上屋屋上草食盡

二年三月十九日寒風終日夜隕霜殺麥麥苗旋從根復生至日至之時皆熟稍減分數四月彗星見西方數日漸沒五月初九日大風雨雹驟至拔樹甚多十一日又大風雨六月十五日大風拔樹十二月歲除日自卯時風雪至夜風雪帶雨培門塞戶冰水盈庭直至三年元旦已時方止俗名天哭

三年元旦大雨雪至二月初四日戌時有火光自東北向西南行火滅無雲而雷三月十一日子時疾風暴雨辰雪二寸二十日黃風晝夜六月初二日赤色煙氣滿野閏六月太白經天彗星直冲紫薇垣至八月始沒十九日辰時大風拔樹大雨房傾

壘塌無異黃水二十日大雨傾盆水深數尺七月初六日夜大風拔樹雨甚房舍傾圮者尤多八月十九日武昌革命軍起義全國十五省相繼獨立十一月清皇宣統遜位明年中華民國成立

中華民國

中華民國元年壬子有年各屬盜匪擾亂民不聊生

二年九月日暈如城見西方有年

三年五月十三日微雨鐵匠莊見一蛇兩端有首見者無恙七月十五日雨雹有年

四年土匪猖獗殷實之家被害甚苦六月大雨城東一路禾稼

被淹中旬飛蝗自北來蔽日遮天不見邊際十二月初二日夜有火光如電火滅有聲如雷糧價昂貴

五年四月初五日申時黃風自西北來晝晦至初六日寅時方息十八日大風雨雹樹葉脫落棉花死五月飛蝗入境六月蝗蝻爲災秋減收五穀昂貴

六年大旱五穀減收匪氛益熾殷實之戶被害尤苦油燒槍傷不可勝數公行綁票慘不可言五月十三日大雨宣統復辟未幾失敗十月初五日午時日雙耳邑人著有票匪紀略載兵事誌七年五月初一日日蝕十六日月蝕歲歉時症甚多

八年大旱六月初三日雨雹大風拔樹初八日飛蝗蔽日自東

北來田禾食盡閏七月遍地飛蝗滿　盈溝兩月不絕蚜蚄又生晚禾不食麥苗食盡另種又食盡終歲無沛雨饑饉洊臻瘟疫傳染死亡無數

九年自往年大饑至今歲小暑滴雨不降麥禾全無斗粟十餘斤價昂三千餘文斗麥十餘斤價昂五千餘文民餓死者慘不忍聞至五月二十七日始雨僅得播種六七月大旱終不得稷數百年來未有如此饑之甚者

十年舊歷正月二十一日大雨民間無力播種者大半逃出乞食者大半山東災賑公會分給陽信急賑銀幣一萬元冬賑銀幣一萬元春賑銀幣一萬元山芋賑變價分給一千元分給綿

衣六千五百六十件華洋義賑分給銀幣三萬五千元國際組賑分給銀幣三萬元日本賑分給銀幣一千一百元學童綿衣七百件又分給銀幣二千元

讀天官書五行志有一天變即有一災變以應之豈果天人之互應歟抑古人别有深心故連類記之以爲刑罰禮教不能範圍帝王故藉天變以示警也又謂天定勝人唯尋常人安之若帝王宰輔則否以其有挽回造化之權也自天算日精而日月蝕彗星見均能按其循行軌道與所行速度預爲測定依時發現不爽毫釐若颶風暴雨之將至又可按氣壓表以推演之至若地震之原因發明無遺亦可按表預測其

與人事無關昭然矣既爲災變於人必有損害若按科學推測預爲防範策之上也至據一縣之地科學未盡發明防範殊未易言姑存舊說仿神道設教之意可也

侯蔭昌修　張方墀纂

【民國】無棣縣志

民國十四年(1925)鉛印本

無棣縣志卷十六

祥異志

天時

漢高祖元年五星聚於東井　文帝七年冬十一月土水二星合於危八年有長星出東方　昭帝元鳳五年夏四月燭星見　安帝元初二年冬十一月客星見於虛危　靈帝光和三年歲星熒惑太白合於虛　獻帝初平二年秋九月蚩尤旗見

晉惠帝永康元年冬十二月彗星見齊分太安元年夏四月彗星晝見二年春三月彗星見東方　懷帝永嘉元年秋九月有大星如日自西南流至東北小者如斗相隨天盡赤聲如雷　元帝太興元年冬十一月日夜出高三丈有赤青珥四年枉矢出虛危　孝武帝太元十二年冬十二月辰星入月在危　安帝隆安四年

春二月有星孛於奎婁進至紫微義熙二年冬十二月月掩太白
在危三年春正月太白晝見十四年冬十一月彗星見元熙二年
夏四月長星出竟天
宋武帝永初三年春二月有星孛於虛危冬十月有星孛於虛危
向河津掃河鼓
魏太武帝神䴥三年夏六月流星出危入羽林　文成帝興安元
年春正月太白晝見經天
隋文帝開皇十四年冬十一月有星孛於虛危　煬帝大業三年
春三月長星見西方竟天秋九月長星見南方竟天八年山東大
旱
唐太宗貞觀元年夏山東旱八年秋八月有星孛於虛危歷玄枵
高宗龍朔三年秋八月彗星見於左攝提總章元年夏四月彗

星見於畢昴間是歲山東旱上元二年冬十月彗星見於角亢
中宗長壽二年冬十月太白熒惑合於月虛危　玄宗天寶十五
年夏五月熒惑填星在虛危中天芒角　肅宗上元元年夏四月
彗星出婁胃間　代宗大歷八年冬十一月太白辰星合於危
憲宗元和八年冬十二月填星太白辰星聚於危　文宗太和九
年夏六月月掩歲星在危而暈冬十月月復掩歲星在危開成二
年春二月彗出東方秋八月彗星見於虛危　懿宗咸通五年春
三月彗星出於婁九年春正月彗星見於婁胃　僖宗乾符四年
秋七月流星如盂自虛入天市至羽林而滅　昭宗乾寧三年冬
十月有客星三在虛危間乍合乍離狀如鬭經三日沒天復元年
填星守虛經年始去　昭宣帝天祐二年夏五月彗星長竟天
後唐清泰元年冬十一月彗星出虛危三年冬十月彗星出虛危

宋太祖開寶八年夏四月彗星見東方　太宗端拱二年秋七月彗星出東井至道元年秋七月有星出危大如杯入羽林沒　眞宗乾興元年夏五月有星出危大如杯赤黃色有尾速行而東迸如迸火至羽林南沒　仁宗明道元年秋八月有星出營室西南速行至危沒景祐元年秋九月有星出天津如太白青色有尾沒於危慶歷元年秋八月黑氣起西南長七尺貫危宿羽林入濁至天津良久散五年流星過虛危間有尾跡明燭地皇祐元年井出虛歷紫微至婁　神宗熙甯二年秋七月有星出危西南急行至壘壁陣沒　徽宗建中靖國元年春正月朔有赤氣起東南亘西北　高宗紹興八年秋七月彗星出東方十年冬十一月太白塡星合於危十五年夏四月彗星出東方十六年冬十一月彗星出危宿　孝宗隆興元年冬十二月白氣見西南方出危入昴乾道

六年春三月熒惑太白合於危

金世宗大定十六年山東旱　章宗明昌三年冬十一月金木二星見在日前十三日方伏而順行危宿在羽林上壘壁陣下光芒燭天五年冬十一月太白熒惑合於危承安四年冬十二月太白塡星合於危　宣宗貞祐三年冬十二月太白晝見於危八十有五日乃伏興定二年夏五月蚩尤旗見長竟天

元世祖中統三年夏五月大旱焦禾稼至元七年旱十年淫雨二十年夏五月隕霜二十七年夏五月大風雨雹　成宗大德二年春二月歲星熒惑太白聚於危五年夏六月淫雨害稼冬十月有星大如杯光燭地自北起近東分爲二星沒於危宿　仁宗皇慶元年夏六月旱二年夏淫雨害稼　英宗至治二年淫雨五旬害稼三年夏五月淫雨害稼　順帝至元三年夏五月彗星見東北

方至正七年春二月雨白氂十二年春二月彗星見於危宿三月夜不見星惟有白氣凡三十四日始滅夏四月彗長星見虛危間其形如練長十餘丈四十餘日乃滅六月白氣起危宿掃太微垣十八年夏五月雨白氂二十一年秋八月夜半有赤氣亘天二十二年春二月彗星見於危夏四月長星見在虛危間四十日乃隱二十三年春三月彗星見東方是年大旱

明太祖洪武四年春正月雨木冰十八年山東旱　成祖永樂元年夏五月五星俱見東方　景皇帝景泰七年夏四月彗星見於胃　英宗天順元年夏五月彗星見於危六年冬無雪　憲宗成化九年春三月風霾晝晦二十年夏五月山東大旱　孝宗弘治五年旱十七年自春正月至秋九月不雨八月大雨雹人畜死傷甚衆　武宗正德二年冬十二月二十六日大雪至元日始霽凍

死者衆十六年旱　世宗嘉靖七年夏五月旱十二年冬十月九日夜星隕如雨十四年夏五月烈風雨雹二十五年春二月不雨至夏六月二十六年夏五月星隕天鼓鳴有火光三十四年秋七月淫雨害稼壞廬舍冬十二月日四珥紅赤色在北者光芒奪目三十五年夏六月有星光丈餘衆星數十隨之南奔光耀燭地四十三年夏四月有星孛於西北其光燭地天鼓鳴　穆宗隆慶三年夏六月旱　神宗萬曆九年彗星見十五年大旱二十八年夏旱三十二年秋九月歲星熒惑塡星聚於危三十四年旱四十三年春正月有氣如暈聯貫瀰天夏大旱秋八月隕霜四十六年東方白氣亘天掃斗口冬十月彗星見十二月白虹貫日　熹宗天啓元年春二月日暈兩珥如月紅白光焰閃爍暈上大圓青紅如虹者二外向與日光相背自辰至午方散是歲赤星見於東方二

年春正月朔日生三珥旁有白氣夏五月太白晝見隨日而轉四
年春正月朔日旁兩珥一珥抱日一珥背日有赤白氣相射秋熒
惑入南斗冬十月天鼓鳴十二月月旁四珥皆外向有黑氣貫月
者三五年夏四月太白晝見　懷宗崇禎三年春三月大雨雹四
年春二月白虹日貫九年秋霖雨冬十一月星隕天鼓鳴十年夏
旱秋八月至冬十二月日出入時血氣周天十一年夏旱冬十二
月日生二旁白色如連環十三年春正月雷電大雨雪二月日出
如血大風霾不雨至秋七月夏六月日出入時復赤如血十四年
旱夏五月雨雹十六年春正月日赤無光歷四十餘日又有兩日
相盪冬太白晝見除夕雷雨大作
清世祖順治三年春旱四年春正月朔雷震夏六月日中星見秋
七月霪雨五旬城堞公私廬舍皆壞五年夏霖雨十年夏中夜有

光聲如驟雨數夕乃止十五年夏五月長庚入月十六年春三月大雪十八年春正月雷　聖祖康熙三年夏四月隕霜夏秋不雨冬無雪十月彗星見四年春三月隕霜天鼓鳴星隕大旱秋八月大雨雹海岸積地三尺飛鳥皆斃冬十月朔雷六年春旱夏五月霖雨七年春旱八年秋九月雷電冬十一月大霧作臭十二年春旱秋七月彗星見十三年夏四月晝晦十六年含譽星見十七年春二月天鼓鳴星隕火光燭地十八年夏六月白氣貫天秋九月大雷電雨雹十九年夏四月大雨雹斃者數人牛羊無算冬十一月彗星見白氣亘天經兩月始滅四十一年孛星見四十七年秋七月夜見兩月四十八年春正月朔日雙珥　世宗雍正元年夏四月大風晝晦三年春二月五星聚於陬訾四年春三月雨雪堅冰五年秋七月太白經天十二年春正月有聲如雷自東北至西

南移時乃止　高宗乾隆元年冬十二月天鼓鳴有星自東南隕於西北隆隆有聲七年冬十二月彗星出奎宿光逾尺八年大旱冬十月彗星見西方九年大旱十三年春正月孛犯太陰十八年春三月太白經天五十七年夏大旱焦禾稼五十九年旱　仁宗嘉慶四年夏四月朔日月合璧五星聯珠十六年秋彗星見光犯太微垣十八年春彗星見西北光芒數丈二十年春正月白氣亘天長數丈二十五年秋七月天鼓鳴　宣宗道光元年春正月彗星見夏四月朔五星聯珠五年夏彗星見二十年春正月雷震二十三年夏彗星見　文宗咸豐二年夏六月大風雷雨拔木偃禾五年春正月雷震八年秋八月彗星見於西北光丈餘犯文昌宿十一年夏四月雨雹五月彗星見光犯紫微垣長竟天　穆宗同治元年春二月黑風自西北來晝暝旋天赤如血有火光自風中

出秋七月彗星見西北方長竟天二年夏四月有火星大如斗自東南流向西北有雷聲五月金星晝見四年春正月太白晝見六年旱七年夏四月夜有流星如水秋七月有火星自西北流向東南落地有聲十年春太白經天秋八月霪雨七日十二年秋八月雨雹十三年夏五月彗星見　德宗光緒元年大旱二年旱三年旱七年夏五月彗星見九年冬十一月太白晝見十五年秋東南方蚩尤旗見二十一年春二月雨雪二十四年秋八月妖風拔木二十七年夏六月淫雨七日三十四年春正月有九暈如環繞日

宣統元年春三月月暈二環西南缺一角二年夏四月彗星見三年春二月有火毬大如斗自西北至東南隱隱有雷聲冬十二月有大星自西南隕於東北有雷聲

民國二年夏歷秋九月有白暈如城在西方四年冬十二月夜有

火光光滅有聲如雷六年冬十月五日日變珥有數章如日相盪
秋七月妖風壞屋拔木九年夏旱焦禾稼至秋八月始雨十年春
正月朔數章如日相鬭秋淫雨害稼冬十月五星聯珠十二年夏
旱秋淫雨傷稼十三年夏四月雨雹秋大旱七月雨雹

地異

漢武帝元狩三年山東大水　宣帝永始四年夏四月地震　元帝初元元年夏五月海水大溢　桓帝永康元年渤海郡海水溢
北魏文帝太和六年秋七月青州大水二十三年夏六月青州大水　世宗景明元年秋七月青州大水正始二年春三月海溢
文帝大統四年夏四月山東大水
北齊武成帝河清三年秋山東大水大統三年秋山東大水
隋文帝開皇二十年冬十一月地震　煬帝大業七年山東河決

唐太宗貞觀七年秋八月山東四十餘州大水八年秋七月山東大水　高宗永淳元年秋山東大水　憲宗元和八年海水溢浸鹽山無棣等四縣　文宗太和二年河水溢

宋眞宗乾元元年無棣海潮溢壞公私廬舍溺死者甚衆　仁宗至和二年六塔河決齊棣濱淄諸州民多溺死

元世祖至元元年濱棣大水　成宗大德五年夏六月棣州大水　仁宗延祐七年夏六月棣州大水　泰定帝泰定三年春正月棣州大水　順帝至正六年春二月山東地震七日七年春二月棣州地震有聲如雷十六年秋八月山東大水冬十一月地震十八年夏五月山東地震二十六年秋八月大清河決濱棣居民漂溺幾盡二十七年夏五月山東地震

明憲宗成化七年秋九月海溢　武宗正德六年冬十一月地震

十一年海豐大水蝦蟆鳴樹上十六年春武定大水　世宗嘉靖二年春正月海豐地震三年春正月朔地震十八年武定大水三十六年秋七月海潮南溢八十里壞廬舍三十七年春二月海潮南溢六十里　穆宗隆慶二年春三月地震　神宗萬歷十六年夏四月地震六月復震聲如雷二十五年春濟南河井溝瀆之水無風而沸諸州縣皆同　熹宗天啟二年秋七月海溢四年春二月地震有聲　懷宗崇禎十六年河隍冰結樹紋

清世祖順治七年秋河決荊隆口入大清河浸入海豐境漂沒廬舍田禾道路乘舟十年秋黃河再決浸邑境十一年秋七月地震十八年春正月朔地震　聖祖康熙四年春二月地震三月復震六年春三月海嘯七年春三月海潮南溢八十里溺死者數百人夏六月十七日地震城堞圮池水溢寺塔為裂十九日又震秋八

月十三日地復震十二年夏四月海水溢溺死漁人六百有奇十六年春二月海水南溢百餘里麥苗淹沒十八年秋七月二十八日地震有聲三十日八月一日二十九日地屡震二十二年冬十月地震四十二年黃河決海嘯濱海縣邑橫水氾濫舟行平地五十三年海溢五十四年大水五十八年春正月奇寒井凍　世宗雍正八年秋八月大清河溢水大至淹沒田禾廬舍　高宗乾隆十八年秋八月海溢十九年秋大水二十四年夏海水溢淹沒田禾廬舍　仁宗嘉慶八年探馬哨決口黃水漫溢海豐被水二十三年海溢二十四年黃水漫溢　宣宗道光十年冬十月十六日地震二十四日又震十一年夏五月地震二十五年春海潮漫溢淹稼　文宗咸豐二年夏六月海水溢　穆宗同治四年春二月海水溢六年海溢十三年夏四月地震　德宗光緒四年黃河溢

汎溢邑東境至十二年屢溢浸沒室廬田禾無算十四年夏五月四日地震裂黑水湧出大覺寺塔圮其半數日屢震夏六月黃河水溢浸入境十五年秋七月橫水大至淹沒室廬無算十六年夏六月大水圍城壞室廬十八年大水

民國六年夏歷秋八月兩津河水溢十年秋九月十三日地震十四日又震十一年夏六月黃河水溢浸入東境

【咸豐】濱州志

(清)李熙齡纂修

清咸豐十年(1860)刻本

濱州志卷之五

紀事志

聖王省政千百載災沴咸書太史陳詩十五國風謠循採刀劍干戈之擾間起於海濱鱣鮪葭菼之生禍饑於河曲星留麥穗固為得失之徵人事天時亦有轉移之會

祥異兵燹附

唐

興元二年夏六月蝗是歲大饑斗米千錢餓殍載道

宋

大中祥符五年十月河決安平鎮

至和二年六塔河決溢於州民多溺死

靖康元年金帥完顏宗弼駐兵於州西二十里外越

明年復至連遭蹂躪

熙甯九年七月渤海禾異壠同穎

金

大定二年六月大熱府志作大熱

大安三年旱

元

中統三年夏五月大旱焦禾稼

四年八月蝗實禾盡食

至正六年二月地震七日

十七年大飢人相食

二十三年秋大旱無麥

二十六年八月棣州大清河決濵沿河居民漂溺殆盡

明

天順二年劉翔園中兩瓜並蒂

三年園中又有兩瓜並蒂

四年麥秀雙穗

永樂八年蒲臺妖婦唐賽兒惑衆煽亂濱境被其刼掠都指揮衛青等討平之府志作十八年

正德六年流賊劉六齊彥明等攻掠山東郡縣濱城被陷後都督劉輝等勦逐之

嘉靖九年彗星見次於畢危經月而滅

十一年十一月夜天星散落如雪其光燭地

十五年蝗傷稼歲大飢

二十六年秋大水平地橫流其雨如注霧氣障塞內似有鱗甲象俄而上騰或謂龍之伏羅也

二十七年秋雨雹大如鵝卵禽鳥死傷甚多屋仆瓦裂甚有墮地積日不化者

二十八年八月十一日地震

三十一年大稔麥兩岐穀雙穗

三十二年土寇作亂

三十七年秋雨忽作假禾拔木移時方解

隆慶四年六月大清河溢壞田廬

五年春州東馬店遠望似有城堞狀或曰城見必有異兆是年果王學易發科

萬曆元年韓家坊土地廟門首雷震死一人胡才宮

九年彗星見是年旱

十年春酷旱大頭瘟流行閭者驚異然不知自宋時已有此災見程篁墩志先行村外地方有過村幾盡死者逮十一年染及城中一人感疾一家俱傷雖親戚亦不敢弔問

十年夏倒起一霹靂將速報三司廟旗竿擊碎勢如斧破

十一年春旱秋蝗復大水及雹是年米價騰踊冬亦如之

十二年地震

四十三年旱秋八月螣歲大飢人相食

天啓七年潰河溢大水

崇禎十年螣　十一年蝗　十二年旱

十三年春大飢斗粟千錢村落無烟賊盜蜂起焚

掠爲甚

十五年大兵徇州後土寇繼起刼掠村落十室九

虛至

興朝甲申定鼎遣少司馬王鰲永招撫山東州縣寇始

息

十七年闖賊陷京師山東郡縣淪於賊僭設守令

山西生員賈見前受僞命來知濬州肆行酷拷數

戮

王師破賊見前乃遁去

三月初九日晝晦自辰至申

皇清

順治四年霪雨四十日害稼傾廬舍

七年黄河荆龍口决灌大清河水溢出漂没廬舍

舟行陸道魚蝦遍野如是者五年

康熙三年四月二十三日夜隕霜殺麥

四年飢奉

旨蠲糧賑濟

六年三月三十日海嘯潮至濱東境溺死多人

七年六月十七日戌時地大震仆屋傷人

十一年春大雨雪地介

十四年四月隕霜殺麥

十七年二月九日天鼓鳴

十八年七月二十八日地震是歲大飢流移載道

市鬻男女奉

旨賑濟蠲租三分宦戶不與

十九年十一月初五日彗星夕見由西南遷東北

白光亘天經兩月始滅

二十五年六月初九日大風雨拔木害稼水暴至

漂民廬舍

二十七年四月初一日晝晦八月大雨雹殺稼

二十八年十月雷震　三十年六月蝗

三十五年霪雨害稼　三十六年饑奉

旨賑濟

四十二年橫水氾濫舟行平地歲大饑

四十三年大饑　五十四年大水

雍正八年大清河溢大水淹沒田禾廬舍

乾隆八年大旱　九年大旱

十五年六月大雨傷稼

十八年大水　三十六年大水

五十五年大水

嘉慶八年探馬啃决口被水成災

二十四年黄水漫溢淹稼

二十五年大水

道光元年大水

二年州民王孝妻王氏一産三男又丁學孔妻白

氏一產三男

十年州民趙登坡妻張氏一產三男

十五年蝗

咸豐元年大水　二年大水淹稼

三年大水　四年大水

五年大清河黄水漫溢淤漫廬舍田禾

六年大水　七年大水淹稼

八年大熟　九年旱

十年春旱夏水災